AF619462

NEMROD

OU

L'AMATEUR DES CHEVAUX DE COURSES.

Paris — Typographie de Rignoux, rue des Francs-Bourgeois-S.-Michel, 8.

NEMROD

OU

L'AMATEUR DES CHEVAUX DE COURSES

OBSERVATIONS

SUR LES MÉTHODES LES PLUS NOUVELLES
DE PROPAGER, D'ÉLEVER, DE DRESSER ET DE MONTER
LES CHEVAUX DE COURSES

Par Charles-James Apperley

Auteur

1° Des Lettres et Exercices de chasse de Nemrod, insérés dans le nouveau et dans l'ancien *Sporting magazine;* 2° Des Essais sur la chasse, la course (*turf*) et la route (*road*), publiés dans le *Quarterly Review*, et réimprimés séparément par M. Murray, à Londres; 3° Des articles Cheval (*horse*), Équitation (*horsemanship*), Chien de chasse (*hound*), et Chasse (*hunting*), de la dernière édition de l'*Encyclopædia Britannica*.

DÉDIÉ

A Son Altesse Royale

LE DUC D'ORLÉANS.

PARIS.

IMPRIMÉ AUX FRAIS DE L'AUTEUR.

Se trouve

CHEZ ARTHUS BERTRAND, ÉDITEUR.

M DCCC XXXVIII

ÉPITRE DÉDICATOIRE.

A son Altesse Royale

LE DUC D'ORLÉANS.

MONSEIGNEUR,

Il y aurait de ma part une grande présomption, si je croyais qu'il fût nécessaire de chercher à convaincre Votre Altesse Royale des grands avantages que l'Angleterre a retirés de la perfection à laquelle elle a porté la race de ses chevaux, toutes les fois qu'elle a eu besoin d'en appeler à leur rapidité et à leur activité. Il est également inutile d'ajouter que ce perfectionnement est *uniquement* le résultat des *courses;* qu'il a fallu d'énormes dépenses pour y parvenir, et qu'on le regarde généralement comme arrivé à son dernier terme. Tout annonce que cet exemple n'est pas perdu pour la France, et il n'y a pas de doute qu'elle ne se rappelle un jour avec reconnaissance les efforts que Votre Altesse Royale, d'accord avec les personnes de distinction qui partagent ses goûts, fait pour inspirer au peuple la passion des courses, passion qui, en améliorant la race des chevaux, amènera les résultats les plus avantageux.

L'importance du but qu'il s'agit d'atteindre, n'a presque pas de limites, quand on le considère sous un point de vue national, et que l'on songe à ses conséquences éloignées. Il suffit de jeter un regard sur l'histoire pour comprendre son effet pendant la guerre. Les Turcs, quoiqu'à demi barbares, se ruèrent sur l'Europe et taillèrent en pièces les légions disciplinées de l'empereur d'Orient. Leur cavalerie seule, bien qu'irrégulière, leur assura cette victoire par la bonté de leurs chevaux. La même supériorité fut cause de la défaite de Crassus par les Parthes, race plus barbare encore que les Turcs, mais qui enlevèrent aux Romains ces aigles qu'Auguste avait eu tant de peine à recouvrer. D'un autre côté, l'Angleterre offre aujourd'hui un exemple de l'avantage que l'on retire en temps de paix de la perfection des chevaux. Cette perfection a prodigieusement contribué à la richesse du pays, en mettant le peuple à même de faire en un jour ce qui partout ailleurs en exige deux, et par cette seule cause les plaisirs et les commodités de la vie ont été augmentés au delà de tout calcul. Peut-être demandera-t-on pourquoi l'amélioration des chevaux doit s'attribuer uniquement aux courses? A cela je réponds qu'il n'y a que l'excitation produite par l'esprit de rivalité qui ait pu faire adopter les divers moyens par lesquels ce but a été atteint. Le seul désir du lucre n'y serait jamais parvenu.

Sincèrement reconnaissant de l'honneur que Votre Altesse Royale m'a fait en daignant prendre ce petit ouvrage sous sa protection, et dans l'espoir qu'elle y trouvera quelques renseignements utiles sur les divers sujets dont il traite,

Je suis avec un profond respect,
Monseigneur,
de Votre Altesse Royale,

Le très-humble et très-obéissant serviteur,

Charles-James APPERLEY.

Introduction.

Il ne sera peut-être pas inutile de commencer par faire connaître les motifs pour lesquels je prends la liberté de donner aux personnes de distinction, en France, quelques conseils sur les divers sujets que je vais traiter.

Premièrement. Mes connaissances reposent sur l'attention suivie que j'ai accordée pendant plus de trente ans à mon propre haras, en qualité de gentilhomme anglais et de chasseur.

Secondement. Pendant plus de quinze ans je n'ai cessé de publier mes observations sur la nature et la condition des chevaux, dans les deux *Sporting Magazines* qui paraissent à Londres. Mes articles y portent la signature de *Nimrod.* Je suis en outre l'auteur des *Lettres de Nimrod sur la condition des chevaux de chasse,* opuscule qui est déjà parvenu à sa troisième édition.

Troisièmement. Je suis aussi l'auteur de l'article sur les courses (*the Turf*), inséré dans le *London Quarterly Review,* et qui a fait vendre dans l'espace de six semaines trois mille sept cents exemplaires de plus qu'à l'ordinaire, du numéro dans lequel il avait paru. Enfin, c'est moi qui ai rédigé, dans la dernière édition de l'*Encyclopædia Britannica,* l'article *Cheval,* qui non-seulement a obtenu l'approbation des amateurs de la chasse, mais qui a même été cité avec éloge dans plusieurs revues, et notamment dans le *London Literary Gazette,* qui daigne rarement s'occuper de sujets de ce genre.

Mais j'ai eu, pour livrer au public les observations suivantes, un motif plus direct encore. et qu'il ne me sera pas difficile d'expliquer. Pendant un séjour de plus de cinq années en France, j'ai assisté plusieurs fois aux courses qui avaient lieu dans les environs des villes que j'habitais, et voici quelle a été l'impression que mon esprit a conservée de ce que j'ai eu occasion d'y voir et d'y entendre. Si pour se livrer à une entreprise ou à un passe-temps quelconque, il est nécessaire d'en posséder une connaissance approfondie, cette connaissance devient plus indispensable encore quand il s'agit de forcer l'esprit à surmonter les obstacles que l'on peut y rencontrer. En conséquence, il ne faut pas s'attendre à ce que le peuple français en masse puisse rechercher avec ardeur les plaisirs de la course, tant qu'il ne sera pas mieux instruit qu'il ne l'est aujourd'hui de tous les moindres détails du système qui s'y rattache. Je suis toutefois convaincu qu'il y a en France une foule de personnes de distinction qui élèveraient des chevaux et les feraient courir, si elles savaient comment s'y prendre, ou si du moins elles en savaient assez pour ne pas rester en arrière de celles qui ont plus d'expérience qu'elles. En effet, sans cela, elles auraient peu de chances de succès. J'ai du reste plus d'un motif pour penser comme je le fais : en premier lieu, je regarde le divertissement des courses, le plaisir et l'excitation qu'elles causent, comme s'accordant éminemment avec le caractère avide de plaisir de la nation française; secondement, ce serait une grande erreur de croire que l'Angleterre doive la célébrité dont elle jouit pour ses courses, au hasard qui a fait que sa noblesse ou ses riches propriétaires ont acheté de bons chevaux, et les ont fait dresser par des hommes du métier à Newmarket ou ailleurs; elle le doit moins encore à l'idée des *profits* qui pouvaient résulter des paris. S'il était possible d'avoir le moindre doute à cet égard, on n'aurait qu'à demander au duc de Portland ce qu'il en pense. A la vérité, les profits à retirer d'un haras (*stud*), doivent entrer en grande considération, parce qu'ils compensent en partie les frais considérables que ce haras entraîne. Cependant cette considération n'est pas à beaucoup près la seule qui dirige les vues de nos grands nourrisseurs de chevaux de course. Le motif qui les excite, est en général bien plus noble et bien plus élevé; j'oserais presque dire qu'il a été conçu dans l'enclos du haras, qu'il a vu le jour avec le poulain, qu'il s'est mûri avec sa naissance et qu'il l'a suivi jusqu'au jour de sa perfection. Alors seulement il attend sa récompense, dont la valeur est bien rehaussée par l'honneur et par l'esprit d'émulation qui l'a fait rechercher. Et cela n'a-t-il pas toujours été ainsi? Il est écrit de Philippe de Macédoine, qu'il reçut le même jour les nouvelles de trois grands événements; celles du gain d'une bataille contre les Illyriens, de la naissance de son fils Alexandre, et de la victoire remportée par un de ses chevaux aux jeux olympiques. Plutarque ajoute, dans la vie d'Alexandre, que Philippe ne dit point lequel de ces trois événements lui causa le plus de satisfaction, d'où nous pouvons conclure qu'il les mettait tous trois sur la même ligne.

J'ai encore un mot à dire en cet endroit. L'été dernier, aux courses de Saint-Omer, j'eus l'honneur de m'entretenir pendant quelque temps à ce sujet avec M. le prince de la Moskowa, qui non-seulement me confirma dans l'idée que je m'étais formée de l'état des courses de chevaux en France, c'est-à-dire de ce que nous appelons en Angleterre *the turf*, mais encore qui m'encouragea beaucoup à faire part de mes sentiments et de mes opinions aux amateurs français. Si j'avais pu hésiter après un pareil encouragement, toute incertitude aurait été bannie de mon esprit par la bonté avec laquelle S. A. R. monseigneur le duc d'Orléans daigna accorder à mon ouvrage le sceau de son auguste nom et de sa haute protection.

Il me reste quelques remarques à faire sur les avantages que la France peut retirer de l'amélioration de la race de ses chevaux. Je ne me permettrai pas de parler de sa cavalerie, n'ayant pas eu l'occasion d'en examiner les chevaux d'assez près; mais je puis certifier que ceux des troupes anglaises se sont étonnamment améliorés dans un espace de temps qui ne remonte pas au delà de mes propres souvenirs. En effet, notre cavalerie se servait il y a trente ans de chevaux qui, en comparaison de ceux d'aujourd'hui, étaient de vrais chevaux de charrette; et cette amélioration est uniquement due à l'extension du *pur sang*. En attendant, si j'ai dû me taire sur les chevaux de la cavalerie française, je puis parler avec assurance de ceux qui sont attelés aux diligences, aux malles et aux voitures de poste. A la vérité, le poids des diligences françaises est considérable, et les chemins ne sont pas assez fermes pour permettre une grande rapidité en hiver; mais c'est bien moins encore à ces causes réunies qu'au défaut de ce que l'on appelle en anglais *breeding* (race), et *blood* (sang), dans les chevaux qui tirent ces voitures, qu'il faut attribuer la lenteur de leur marche. Il est encore vrai que les chevaux tirent par leur poids et non par leur force musculaire, et que lorsqu'il s'agit de mettre en mouvement un corps très-lourd, ils y parviennent d'autant plus facilement qu'ils peuvent jeter plus de poids dans leurs colliers; mais d'un autre côté, c'est par l'action et la force des muscles que cette grande puissance doit continuer d'agir; or, sans haleine (et l'haleine n'est autre chose que la force, que les chevaux ne possèdent jamais quand ils n'ont point de *sang*), ce mouvement ne pourra se continuer qu'avec une extrême lenteur. C'est ce qui explique pourquoi les chevaux des diligences et les chevaux de poste en France aujourd'hui, sont obligés d'aller au pas dès que le plan du terrain est le moins du monde incliné, et c'est ainsi que le temps se consume en voyage. Considérez ensuite les chevaux de l'estafette française, et comparez-les à ceux que l'on emploie en Angleterre pour ce service. Ceux-ci vont beaucoup plus vite, sont dans la meilleure *condition* (1) possible, et exécutent leur tâche avec facilité; ceux-là, au contraire, offrent un aspect misérable et toutes les marques de la souffrance, parce que l'on a exigé d'eux des efforts plus grands que ceux que leur nature leur permettait de faire. Je crains qu'il ne s'écoule bien du temps avant que les maîtres de poste de France soient convaincus que des chevaux plus légers et de meilleure race, rempliraient mieux leur objet que les animaux lourds et communs dont ils se servent aujourd'hui; mais ils peuvent être assurés qu'ils agissent d'après un faux système dans le choix qu'ils font de leurs bêtes. Toutes les fois qu'en voyageant dans une diligence française ou belge, il m'est arrivé de franchir la distance d'un relais à l'autre avec un peu plus de rapidité qu'à l'ordinaire, ç'a toujours été quand on avait attelé à la voiture des chevaux plus légers, mais de meilleure race; et je puis citer une circonstance, entre autres, qui confirme ce que je viens de dire. Me rendant l'année dernière en diligence de Boulogne à Chantilly, pour assister aux courses, je remarquai que le dernier relais avant Amiens était de trois postes. La voiture étant fort chargée, les chevaux furent, comme de raison, très-fatigués vers la fin, et sur les cinq, il y en eut quatre qui n'avancèrent qu'à grands coups de fouet; mais le cinquième, qui était le cheval de milieu de volée, jument de bonne race, beaucoup plus légère que les autres, n'en reçut pas un seul, et ses traits ne se relâchèrent pas un instant quand il fallut redoubler d'efforts. De même, dans un voyage que je fis à Bruxelles au mois de septembre dernier, je me trouvai dans une diligence chargée de trente voyageurs au moins, tant dans l'intérieur que sur l'impériale, indépendamment d'une quantité considérable de marchandises; or, le seul relais pendant lequel nous fîmes plus de deux lieues par heure, ce fut le dernier avant d'arriver à Bruxelles; les chevaux étaient cette fois plus légers et de meilleure race; aussi notre rapidité dépassa-t-elle trois lieues à l'heure.

Je ne sais s'il existe un pays qui puisse, mieux

que l'Irlande, faire comprendre tous les avantages qu'il y a à rendre le pur sang plus général. Étant encore très-jeune, je chassai pendant deux hivers de suite dans ce royaume, et quoique les comtés où je me trouvai confinassent au *currah* de Kildare (le Newmarket de l'Irlande), rien n'était plus rare que d'y rencontrer un cheval de chasse de bonne race. Il s'y trouvait, à dire vrai, une race de chevaux *sui generis,* qui déployait une force immense quand il s'agissait de franchir des obstacles tels que des haies ou des fossés; mais n'en ayant point assez pour courir avec la rapidité requise, ils ne jouissaient d'aucune réputation en Angleterre. Voyez aujourd'hui le changement qui s'est opéré. Les propriétaires de haras irlandais ayant reconnu la faute qu'ils faisaient, eurent recours à des étalons de pur sang; les juments issues du premier croisement furent couvertes par des étalons de première race (*thorough bred*), et par ce moyen, l'Irlande, s'étant débarrassée de ces chevaux grands sauteurs, mais lents et de race commune, fournit depuis douze ou quinze ans des chevaux de chasse valant tout ce que l'on trouve de plus beau dans les meilleurs comtés de l'Angleterre, qui sans l'importation des chevaux irlandais n'en produirait pas assez pour sa propre consommation. Mais il suffit de réfléchir un moment pour se rendre compte de la promptitude avec laquelle la supériorité des chevaux de chasse irlandais s'est manifestée. Les juments irlandaises étaient particulièrement bien disposées à produire de bons chasseurs; car, ainsi que je l'ai dit, elles étaient d'une race *sui generis*, nullement imprégnée du sang des lourdes juments de charrette, qui s'est montrée pendant si longtemps chez les chasseurs anglais, et qui, bien que très-affaiblie, n'a pas encore tout à fait disparu aujourd'hui, surtout dans les comtés que les amateurs ont coutume de désigner sous le nom de *comtés provinciaux*, pour les distinguer de celui de Leicester, qui est le premier de l'Angleterre pour la chasse, et d'un petit nombre d'autres. Les chevaux de première race de l'Irlande, à l'époque dont je parle, étaient aussi très-propres à la production de bons chasseurs, ayant toujours été ce que l'on appelle d'un sang vigoureux (*stout blood*), ce qui devenait nécessaire vu les grands poids qu'ils portaient et les rudes courses du pays. Les exploits d'un de ces chevaux, dont on peut voir le détail dans le livre des Haras (*Stud Book*), t. III, p. 542, sont, je crois, sans exemple : *Jerry Sneak*, chargé d'un poids de 252 livres, parcourut la carrière du currah de Kildare, longue de 4 milles (3,200 toises), en 9 minutes 27 secondes. Ce fait ajoute une grande force à l'argument dont je me suis servi pour prouver la nécessité d'introduire une plus grande proportion de pur sang dans les chevaux de carrosse et de poste de France, dont la lenteur de la marche pourrait aujourd'hui pousser à bout la patience de Job lui-même. Il y a quelques jours, un de mes amis, voyageant par la diligence de Lille, a mis trois heures trois quarts à venir de Dunkerque à Calais, distance de 9 lieues et demie, quoique la route soit excellente et parfaitement unie.

Je n'ai pas eu occasion d'assister à des chasses en France ; mais j'ai lieu de croire que la plupart des chevaux dont on se sert pour courir après les chiens sont importés d'Angleterre ; surtout quand la fortune des chasseurs leur permet d'en faire la dépense. Si les courses de chevaux devenaient d'un usage plus général dans le pays, on ne tarderait pas à éviter ce surcroît de frais. L'Allemagne éprouve déjà les avantages que je prédis à la France. Avant l'établissement de ces diverses réunions pour les courses elle n'avait point de chevaux indigènes de chasse qui valussent ceux de pur sang anglais, qui sont ceux qui conviennent le mieux dans les pays de plaines comme la France et l'Allemagne; mais quand on veut qu'ils servent pour la chasse, il faut qu'ils y soient destinés au moment de leur naissance; car, quand on entraîne les chevaux pendant un certain temps, on court risque de leur faire prendre l'habitude d'appuyer trop sur le mors et de peser trop à la main du cavalier.

Il faut simplement rompre le cheval à l'âge de trois ans; le faire sortir derrière les chiens, et lui apprendre à sauter à quatre ans; et à cinq, s'il a été bien dressé, il sera en état de porter un poids modéré derrière les chiens: car un cheval de pur sang est plus tôt mûr que celui d'une race commune. Mais il faut observer que les poulains que l'on destine à devenir des chasseurs doivent être de bonne taille, et produits par des étalons et des juments possédant une grande liberté d'action.

On trouvera un grand motif d'encouragement à la production de chevaux de première race (*thorough bred*) dans la prompte rentrée des capitaux que l'on aura dépensés pour les élever. En Angleterre, par exemple, le prix de plusieurs poulains d'un an, du haras de M. Nowell de Underley-Hall, dans le Westmoreland, a été de 500 livres st. Huit poulains nouveau-nés à lord Durham, ont rapporté 200 livres st. par tête ; et il y a deux ans, le prix moyen des jeunes poulains à la vente annuelle du haras du roi d'Angleterre à Hampton-Court, a été de 180 livres st.; et à la dernière vente, les prix ont été encore plus élevés, un seul poulain ayant rapporté plus de 500 livres st. Je n'ai parlé que du prix de chevaux encore si jeunes, qu'il est impossible de se former aucune idée positive de leur mérite ; mais 2,000 guinées ne suffiraient pas pour payer un cheval de deux ans, qui aurait été éprouvé et trouvé bon. Quant à la perspective du profit à retirer d'un haras de chevaux de course, cela dépend à quelques égards des circonstances. Mais une chose est certaine, c'est que le basard, ou ce que l'on appelle communément le *bonheur* y a fort peu de part. Quand un amateur veut avoir des succès aux courses, il faut qu'il commence par bien choisir la souche; puis, quand il n'aura épargné ni soins ni dépenses pour en élever les rejetons, il devra donner à la personne chargée de les dresser tous les avantages qui dépendront de lui. Au fait, pour me servir d'une phrase usitée parmi les amateurs anglais : « *Il ne doit pas laisser échapper une seule chance de succès.* » Il est nécessaire qu'il se rappelle que bien des personnes jouent le même jeu que lui; et que s'il ne fait pas en sorte d'être à peu près aussi habile que ses adversaires, il est inévitable qu'il finisse par perdre. Toutefois, il ne se laissera pas décourager, car il songera qu'un jugement sûr, joint à l'emploi d'un entraînement bien dirigé, a eu mainte fois les résultats les plus avantageux. L'exemple suivant en est peut-être un des plus frappants qui se soient présentés depuis quelques années. Dans le cours de trois ans, trois chevaux de feu M. Beardsworth, de Birmingham, personnage d'un rang fort obscur, gagnèrent 20,000 livres st. En 1824, une pouliche, du duc de Grafton, gagna 4,450 guinées en deux courses. Bay Middleton gagna en 1835 12,000 livres st. pour lord Jersey; et les descendants de la jument Prunella, du duc de Grafton, ont, dit-on, rapporté au feu duc et au duc actuel la somme immense de 100,000 livres st.! Il n'y a pas longtemps encore que les chevaux du duc actuel gagnèrent 13,000 livres st. en une seule année.

Des Français de haute distinction m'ont assuré qu'un obstacle grave s'opposera, selon toute apparence, aux progrès des courses de chevaux en France et en Belgique. Et si cette difficulté existe, en effet, au point qu'on me le dit, il est à craindre qu'elle ne soit insurmontable. Les Français et les Belges paraissent, dit-on, convaincus qu'ils sont déjà parfaitement au fait de tout ce qui concerne la procréation, la nourriture et l'éducation des chevaux, et écouteront difficilement les conseils d'un étranger, quelque versé qu'il soit dans la matière. A cela, je n'ai rien à répondre, si ce n'est que je ne saurais me persuader qu'ils aient réellement une pareille pensée; mais si le fait est exact, je conviens que le succès est impossible. L'orgueil de la science est de l'humilité quand on le compare avec l'orgueil de l'ignorance; aussi, ce dernier est-il bien plus difficile à vaincre. Mais cette double ignorance, si je puis m'exprimer ainsi, qui pousse l'homme à persévérer dans son erreur tout en la reconnaissant, et qui ferme l'esprit à la conviction, est une barrière à tout progrès social, et se rencontre rarement dans le siècle éclairé où nous vivons. D'après cela, mettant de côté l'idée qu'un pareil état de choses puisse exister, soit en France, soit en Belgique, je m'efforcerai, dans la suite de cet ouvrage, d'offrir une esquisse du système adopté aujourd'hui en Angleterre, pays où toute personne impartiale devra reconnaître que l'art d'élever et de diriger les chevaux, ainsi que celui de l'équitation, est seul parvenu à un point de perfection inconnu jusqu'ici sur le reste de la terre.

Du choix de la souche primitive.

Afin de faire comprendre l'avantage qu'il y a à bien choisir la souche primitive d'un haras que l'on se propose d'établir, je vais rapporter les succès obtenus par quatre ou cinq de nos premiers amateurs anglais par cette seule cause, en commençant par le plus ancien d'entre eux, le comte d'Egremont.

Dans l'année 1778, c'est-à-dire il y a près de

soixante ans, sa seigneurie avait dans son haras une cavale nommée *Camilla* qui courait bien, et qui gagna environ 2,000 livres st., ce qui était beaucoup à cette époque. L'ayant fait saillir par *Woodpecker,* elle devint mère de *Colibri* et de *Catherine.* Colibri fut mère du *Cardinal de Beaufort* et de *Canopus,* et Catherine de *Golumpus* et de *Hedley.* Ces quatre chevaux célèbres eurent pour père *Gohanna,* que lord Egremont avait acheté fort cher du duc de Grafton. Il acheta aussi du célèbre O'Kelly, propriétaire d'*Eclipse,* un rejeton de ce même Éclipse et de *King Herod,* nommé *Mercury,* plus *Whalebone* du duc de Grafton, et fonda, par ce moyen, un haras sans pareil dans les annales de la course anglaise, puisque les chevaux qui en sont sortis ont gagné trois fois le prix dit de *Derby,* et quatre fois le prix d'*Oaks.* Gohanna gagna en tout vingt-deux prix, c'est-à-dire les trois classes du prix du prince et du prix *Claret* à Newmarket, cinq pièces d'argenterie du roi, appelées *cups,* cinq autres pièces de 50 livres st. chacune, et 5,760 guinées en espèces. *Election,* fils de Gohanna, a longtemps compté parmi nos premiers étalons; et *Centaur,* petit-fils de Gohanna et fils de Canopus (tous deux étant sortis du haras de lord Egremont), courut trente-trois fois et remporta vingt-quatre fois le prix; il termina sa carrière, sain et sauf et sans tache, par remporter la victoire aux courses de Beacon, à Newmarket, sur le célèbre *Sultan*, qui est peut-être le meilleur étalon qui existe aujourd'hui.

Mais je ne dois pas m'arrêter là. Lord Egremont, ayant fait saillir encore une fois Camilla par Woodpecker, elle mit au jour *la jeune Camilla,* qui, par conséquent, fut la propre sœur de Colibri et de Catherine. Celle-ci fut à son tour mère de la célèbre *Mandane,* de qui naquit un si grand nombre de fameux chevaux de course tant mâles que femelles, parmi lesquels je citerai *Manuella,* mère de *Memnon, Altesidora, Captain Candid*, *Lottery*, *etc.*

Dans mon article sur les courses (*the Turf*), inséré dans le 98e numéro du *Quarterly Review*, je parle en ces termes de lord Egremont, comme amateur de chevaux de course :

« Nous considérons le comte d'Egremont comme un de ceux dont les efforts ont le plus contribué au *vrai* but que l'on doit se proposer en faisant courir des chevaux, c'est-à-dire *à amé-*

liorer la race de ces animaux; sa seigneurie, ayant toujours donné une attention particulière à ce que l'on appelle un *sang vigoureux* ou *honnête* (*stout* or *honest blood*). Lord Egremont produisit Gohanna, par Mercury (par Éclipse), et acheta du duc de Grafton, Whalebone, de l'ancienne race de Prunella, dont les rejetons se sont montrés inappréciables aux courses, et qui continueront à l'être encore pendant bien longtemps. Sa seigneurie a encore su faire en sorte, dans sa générosité, que ce qui était pour elle une source d'amusement, tournât au profit de ses fermiers et de ses voisins, à qui il accordait l'usage de plusieurs des étalons de son haras. Dans ce nombre, il faut compter deux fort beaux animaux, *Octavius* et *Wanderer*. Jamais nom ne fut mieux appliqué que celui de ce dernier; car, pendant plusieurs années, il ne se coucha point, mais fut toujours en action à son râtelier. C'était un beau modèle de cheval et l'un des mieux nés qu'il y eût au monde pour tout ce que l'on exige des chevaux, sous le rapport de la rapidité et de la vigueur, car il était fils de Gohanna et d'une sœur de Colibri, fille de Woodpecker, qui est regardé comme notre plus *vigoureux* sang. C'est enfin le haras de lord Egremont qui a produit l'honnête *Chateau-Margaux* et *Comet*, l'un et l'autre les ornements de la course anglaise, et fils du bon petit Whalebone. Lord Egremont gagna le prix de Derby trois fois en quatre ans ; deux fois par des fils de Gohanna, et la troisième par *Lapdog*, fils de Whalebone. Il a gagné aussi quatre fois le prix d'Oaks par des poulains de son propre haras. »

Passons maintenant au feu comte de Derby, qui offre un nouvel exemple de l'avantage d'une bonne souche, par le choix qu'il fit de *Regulus* et de *Godolphin*, de sang arabe (2). Sa seigneurie acheta une jument nommée *Papillon*, née, en 1769, de *Snap* et de *miss Cleveland*, fille de *Regulus*, et l'ayant fait saillir en 1780 par *Highflyer*, elle produisit *sir Peter Teazle*, qui devint la souche la plus féconde de chevaux gagnants qui jamais ait paru aux courses anglaises.

Le haras du duc de Grafton, qui est aujourd'hui le plus renommé de tous, doit son succès à une seule cavale nommée *Prunella*, fille de *Highflyer* et de *Promise*, toujours du sang de *Regulus*. On lisait, il n'y a pas longtemps, dans le *New Sporting Magazine* : « Nemrod ne peut retenir son enthousiasme toutes les fois qu'il parle de ce sang (celui de *Prunella*), et il dit que celui qui ne peut pas s'en procurer, ne devrait pas même essayer d'élever des chevaux de course. » Il faut convenir en effet que sa généalogie est un vrai bijou, comme disent les connaisseurs, si l'on remonte non-seulement à *Bay Bolton,* à l'*Arabe de Darley* et au *Turc de Byerley;* mais plus loin encore que le *lord Protector* et le *Turc Blanc,* qui forment d'ordinaire les généalogies les plus parfaites, jusqu'au *Barbe Taffolet* et à la jument *Natural Barb.* La très-grande majorité de nos plus célèbres chevaux de course ont plus ou moins du sang de Prunella dans les veines, soit directement, soit par l'intermédiaire de leurs pères, plusieurs de nos meilleurs étalons ayant eu ou ayant encore de ce sang. Je citerai sous ce rapport *Whalebone, Whisker, Camel, Partisan, Chateau-Margaux, etc. Bay Middleton, Pussy, Wedge* et *Cyprian* qui ont gagné beaucoup de prix depuis quatre ou cinq ans, ont tous dans les veines un filet du sang de Prunella.

Le haras de Grafton a obtenu des succès immenses par le moyen de cette seule cavale, ayant, comme on l'a vu ci-dessus, gagné quatre fois le prix de Derby et huit fois le prix d'Oaks ! Mais, ainsi que je l'ai dit, dans le *Quarterly Review*, en parlant de ce seigneur, il mérite ses succès, car son haras a suivi les progrès du siècle. Ses chevaux sont toujours prêts à ce que l'on exige d'eux et parfaitement en bon état, car ce sont là les deux points les plus à désirer dans un haras d'entraînement (*training stable*), et Sa Grâce jouit d'une haute réputation sur le *turf* anglais.

Le comte de Jersey offre un exemple de plus de succès dus à un choix judicieux du sang. Sa seigneurie n'avait fait aucun effet sur le *turf*, jusqu'à ce qu'elle eût obtenu un filet du sang de Prunella (toujours celui de Regulus). Ce fut par le moyen d'une jument appelée *Webb*, propre sœur de Whalebone, étant issue de *Waxy* et de *Prunella*, et née dans le haras du duc de Grafton. Webb fut mère de *Middleton* et de *Glenartney*, deux des plus beaux chevaux qui aient jamais été produits dans le même haras et dans le cours de la même année : ils coururent premier et second pour le prix de Derby. Elle fut aussi mère de *Fillagree* par *Soothsayer*, qui a produit plusieurs excellents coursiers, entre autres *Cobweb*, mère de *Bay Middleton*, qui gagna l'année dernière le prix de Derby, et de son frère, en faveur de qui les parieurs se prononcèrent pour l'année suivante.

Je ne suis pas partisan des haras trop considérables, car en ce cas les frais absorbent le bénéfice, quel qu'il puisse être. Le feu lord Grosvenor en a offert un mémorable exemple; car, quoique l'on assure que les chevaux de course de son haras lui ont rapporté plus de 200,000 livres st., tant en prix qu'en paris, les frais ont encore surpassé cette somme énorme. Je pense qu'un seul homme n'a jamais besoin d'avoir plus de six à dix *bonnes* juments à la fois en sa possession, et je puis citer en exemple le succès de M. Watt et de l'honorable Edouard Petre, qui se sont bornés au nombre que je viens d'indiquer. M. Petre n'avait que sept juments poulinières; mais *toutes* ont produit des chevaux gagnants, dans le nombre desquels il s'en est trouvé quatre qui ont gagné le grand prix de Saint-Léger, à Doncaster, plus la mère de *Cyprian,* qui appartient aujourd'hui au célèbre jockey Scott, et qui gagna ce même prix l'année dernière. Quant aux grands succès obtenus par M. Watt, ils sont trop connus pour qu'il soit nécessaire d'en parler ici.

On pourrait me faire des reproches si je nommais le sang que je n'aime pas, mais il ne saurait y avoir aucun mal d'indiquer celui que je préfère. Les juments de *Filho-da-Puta* ont pour la plupart le poitrail large et de bonnes constitutions; les juments de *Blacklock* ont souvent la tête forte, et ne sont pas d'un aspect agréable; mais comme les précédentes, elles sont grandes et ont de fortes constitutions. Les juments de *Whalebone* ne produisent pas en général de grands chevaux, mais des animaux qui excellent par la symétrie et les belles formes, et il faut bien se rappeler que leur père était fils de *Waxy* et d'une fille de Prunella, et que de ses treize frères et sœurs, douze furent de bons coureurs. Je crois pouvoir dire que les juments de *Rubens* et de *Selim* sont les meilleures de toutes, quand elles ont été croisées par les descendants de *sir Peter Teazle*, au moyen de *Walton* ou de *Williamson's Ditto*, ou par le sang de *Whalebone*. La manière de courir des rejetons de *Sultan* confirme ce que je viens de dire des juments de *Selim*. Le sang de *Wal-*

ton et d'*Orville* est excellent, et les juments produites par *Actæon*, *Velocipede*, *Voltaire*, *Belzoni* ou *Camel*, ou bien par *Waverley*, *Tramp* ou *Comus*, méritent d'être vivement recherchées par tous ceux qui élèvent des chevaux de course; et la seule remarque que je crois devoir ajouter encore à ce que je viens de dire ici, c'est qu'il faut faire une attention particulière à la bonne constitution et à la vigueur qu'ont montrées pour la course, non-seulement l'étalon ou la cavale *que l'on choisit directement pour former la souche du haras*, mais encore leurs ancêtres pendant plusieurs générations. Le seul reproche que l'on puisse faire aux rejetons de sir Peter Teazle, c'est une disposition à faiblir des jambes pendant son entraînement. Il faut aussi rechercher une bonne taille : cette condition est importante; car, dans le cas où les rejetons ne seraient bons ni pour la chasse, ni pour la course, ils rapporteraient toujours des prix avantageux pour d'autres usages, tandis que les chevaux qu'en termes techniques on appelle mauvaises herbes (*weeds*), qui sont privés d'os et de substance, n'ont aucune valeur : lorsqu'au sang ne se joint pas la taille et le poids, il compte pour peu de chose dans le prix d'un cheval.

Je crois devoir mettre les personnes qui élèvent des chevaux de course sur leurs gardes contre un attachement exclusif pour tel ou tel sang particulier, et contre l'emploi trop répété du même étalon. La faute qu'a faite le marquis de Westminster en faisant saillir, pendant plusieurs années de suite, ses meilleures juments par *Thunderbolt* (propre frère de *Smolensko*), bien que celui-ci fût un cheval de première race, est devenu pour lui la source de pertes considérables. Le feu duc d'York commit la même erreur à l'égard d'*Aladdin* et de *Saint-Giles*, et le capitaine Hunter, de Six-mile-Bottom, près de Newmarket, a payé chèrement sa persévérance à faire couvrir des juments par *Gustavus*, qui avait gagné le prix de Derby. Il n'y a pas jusqu'à M. Ridsdale, à qui l'on n'ait reproché une trop grande prédilection pour le sang d'Orville dans ses entreprises de production, et cela malgré les magnifiques succès de *Priam* et de *Plenipotentiary*, l'un et l'autre petits-fils d'Orville, et qui sont incontestablement les meilleurs coureurs de notre époque, au point qu'il y a lieu de croire que ni *Flying-Childers*, ni *Éclipse*, n'auraient eu la moindre chance de gagner contre eux.

Indépendamment du sang, il faut encore faire attention aux formes et a la façon, ou, pour parler plus exactement, à la formation dans le choix des étalons que l'on conduit aux juments. Si la cavale est élancée, donnez-lui un étalon ramassé, comme *Spectre,* et *vice versâ.* On peut en dire autant des juments qui sont hautes sur les jambes, pour lesquelles on doit chercher des étalons à jambes courtes. Puis encore si la jument a bien couru, mais s'est montrée un peu délicate, fixez votre choix sur un étalon d'une carrure forte et vigoureuse.

Je ne suis pas partisan du système de parenté trop rapprochée, ou ce que l'on appelle en Angleterre *breeding in and in.* Voici un exemple de ce que l'on entend par cette expression : *Ivanhoe* et *Cedric* (ce dernier a gagné le prix de Derby) furent produits tous deux par le célèbre amateur anglais sir John Shelley, producteur de *Phantom.* Or, Phantom était fils de *Walton ;* Ivanhoe et Cedric sont fils de Phantom par une jument issue de Walton : ils sont par conséquent du sang de Walton deux fois croisés. Il n'y a pas de doute que ce système a souvent réussi, et je vais citer ce que j'ai dit à ce sujet dans mon article *Cheval* de l'*Encyclopædia Britannica*, dans lequel on trouvera d'autres exemples encore de succès; mais comme règle générale, l'expérience y est contraire.

« On s'est beaucoup occupé à rechercher l'effet d'une parenté rapprochée dans la production des chevaux, ou de ce que l'on appelle *breeding in and in*, système qui a parfaitement réussi pour les bêtes à cornes, et qui a eu aussi un plein succès dans le haras de lord Egremont, à commencer par *Flying-Childers*. Plusieurs de nos meilleurs chevaux de course sont les rejetons de proches parents; et, à dire vrai, il paraîtrait naturel que des pareils engendrent leurs pareils; que si l'on trouve réunies dans un frère et une sœur de belles formes et une organisation supérieure, ces mêmes qualités devront se perpétuer chez leurs progénitures incestueuses. Dans un ouvrage intitulé : *Observations sur la production des chevaux de course*, publié il y a quelques années par M. Nicolas Hankey Smith, l'auteur qui a résidé longtemps parmi les Arabes, exprime l'opinion que des poulains dont les parents avaient entre eux une affinité très proche, présentent plus de sang dans la tête, sont mieux formés, et exigent moins d'efforts que d'autres dans leur entraînement; mais il ajoute que si les unions incestueuses se continuent pendant trois ou quatre générations, l'animal finit par dégénérer. En attendant, l'auteur, en demandant une affinité très-proche, ne prétend point exiger que les parents d'un cheval soient nécessairement frère et sœur, ou bien qu'une jument soit saillie par son propre père ou par son fils; *mais qu'après le premier croisement on revienne au sang primitif.* Les produits de *Maria,* jument favorite du roi Georges IV, ont offert récemment une preuve du bon effet de la proche parenté dans les chevaux. Saillie par les célèbres étalons *Rubens* et *Soothsayer,* cette cavale ne produisit que des chevaux sans valeur; mais ceux qu'elle eut de *Waterloo* et de *Rainbow,* petit-fils de *sir Peter Teazle*, et qui, par conséquent, avaient beaucoup de son propre sang, purent se montrer avec avantage aux courses.

De l'achat des Etalons et des Juments.

On a longtemps discuté pour savoir lequel de l'étalon ou de la jument est le plus important dans la production des chevaux de course, et de grands exemples ont été cités de part et d'autre. « Si vous voulez remporter un prix aux jeux Olympiques, dit Virgile dans le quatrième livre des Géorgiques, *consultez la mère de votre poulain.* » Et sans doute le duc de Grafton pense comme Virgile; car, en mettant même Prunella de côté, les juments *Coquette*, *Diana*, *Piquet*, *Miltonia*, *Medora*, *Parasol*, *Prudence* et *Penelope*, paraissent avoir produit des chevaux gagnants, quel que fût l'étalon qu'on leur donnât. Dans la seule année 1822, les prix remportés par les produits de ces juments se montèrent à la somme de 11,317 livres st. Le feu lord Grosvenor était du même avis, et a probablement légué ses convictions à son fils, qui a cru que ses excellentes juments ne pourraient manquer de lui donner de bons coureurs s'il les faisait saillir par *Thunderbolt;* mais son attente a été trompée. D'un autre côté, quelques-unes de nos meilleures juments n'ont point produit de bons chevaux de course quoique couvertes par les meilleurs étalons. Par exemple, *Eleanor,* la seule jument qui ait gagné les prix de Derby et d'Oaks, et qui était évaluée à 2,000 guinées comme jument poulinière, n'a produit qu'un seul beau cheval, *Muley,* quoiqu'on l'ait fait couvrir par neuf étalons différents ; et la *Marria* de M. Garforth, en son temps la meilleure jument du nord de l'Angleterre, n'a jamais produit aucun cheval que l'on puisse appeler *bon*. Je vais, cependant, rapporter ici ce que j'ai écrit à ce sujet dans l'*Encyclopædia Britannica*.

« Naguère encore les Anglais étaient généralement d'opinion que, pour procréer un cheval de course de la plus haute perfection, la cavale était plus importante que l'étalon; et nous savons que tel était l'avis du feu comte de Grosvenor, sinon le plus heureux, du moins le plus grand producteur de chevaux de pure race que l'Angleterre ait jamais possédé; toutefois, la justesse de cette supposition n'a point été confirmée par l'expérience des dernières cinquante années, et aujourd'hui on met beaucoup plus de confiance dans l'étalon que dans la jument. Le registre des courses (*Racing Calendar*) prouve en effet clairement que cela est ainsi. Nonobstant le nombre prodigieux de juments de pure race, et d'ailleurs excellentes par elles-mêmes, que l'on fait couvrir tous les ans, il n'y a que celles qui s'accouplent avec nos meilleurs étalons qui produisent les grands chevaux gagnants. La seule manière d'expliquer ce phénomène, c'est de reconnaître que ces étalons ont la faculté de communiquer à leur progéniture la formation extérieure et intérieure indispensable pour en faire des chevaux de course du premier ordre; ou bien, si l'on insiste sur le mot *sang*, il faudra dire qu'il existe une certaine vertu innée, mais non pas surnaturelle, inhérente à certains chevaux et non à d'autres, laquelle, quand elle ne rencontre aucune opposition du côté de la cavale[1], permet une jonction de bonnes formes; alors cette vertu ne manque presque jamais de produire un cheval de course dans sa plus haute perfection. Il est évident, d'après cela, que les propriétaires de haras de chevaux de course, ne doivent jamais hésiter à payer le prix d'un étalon du premier ordre, quoique bien plus cher qu'un autre de qualité inférieure, d'autant plus qu'ils en trouvent toujours un de ceux-là pour toute espèce de jument. Les producteurs de chevaux, quels qu'ils soient, mais par-dessus tout les producteurs de chevaux de course, n'ont sans doute pas besoin que je les prémunisse contre la faute qu'ils pourraient faire en achetant des juments d'une constitution faible ou en faisant couvrir leurs juments par des étalons mal constitués. Par le terme *mal constitué,* on entend particulièrement la tendance à faiblir dans les jambes et dans les pieds pendant qu'on les

[1] On dit en anglais : *if the cross nicks*, c'est-à-dire si le mélange du sang, de la forme, etc., est comme il doit l'être.

dresse, défaut qui n'est que trop commun aujourd'hui parmi nos chevaux de course, bien que l'on suive maintenant une méthode beaucoup moins sévère pour l'entraînement qu'on ne le faisait il y a quelques années. Il ne serait pas bien de notre part de citer des individus, c'est-à-dire des chevaux; mais nous pourrions au besoin nommer des étalons et des juments, qui donnaient les plus brillantes espérances, et dont la progéniture a fait perdre à leurs propriétaires des sommes considérables par cette seule cause. La théorie ainsi que la pratique démontrent jusqu'à l'évidence que les défauts et les maladies des chevaux sont pour la plupart héréditaires. On croira facilement ce que l'on nous assure des Arabes, savoir: qu'après avoir amené la race de leurs chevaux au plus haut point de perfection dont ils les jugeaient capables, ils leur ont conservé les principales qualités qui les distinguent, c'est-à-dire la faculté d'endurer de grandes fatigues, une superbe organisation physique et une solidité naturelle dans les membres, en ne permettant l'usage des étalons qu'après qu'ils ont été visités et approuvés par une inspection publique. Il y a aussi plusieurs États de l'Europe où de semblables précautions se prennent, où les gouvernements se chargent de fournir des étalons aux fermiers et autres personnes qui élèvent des chevaux, et où l'on prend grand soin, dans le choix qu'on en fait, d'éviter tous ceux qui sont naturellement d'une mauvaise constitution ou qui ont été affectés de quelque maladie dont l'influence pourrait se transmettre à leur postérité. La partie la plus intéressante de la pathologie vétérinaire est, sans contredit, celle qui se rapporte à la transmission héréditaire des maladies. Aussi, un écrivain français distingué sur l'art vétérinaire (le professeur Dupuy), remarque avec raison que « celui qui pourra démontrer par des preuves incontestables que ces maladies organiques (le farcin et la morve) sont très-souvent héréditaires, rendra un service éminent à son pays et à l'économie rurale en général. J'ai connu, dit-il, une jument, dont le corps ayant été disséqué, offrit toutes les apparences de la morve; sa pouliche mourut à l'âge de quatre ans et demi, de la même affection tuberculeuse. Un autre rejeton de cette jument hérita de sa conformation particulière, ainsi que de sa propension à mordre et à ruer. »

Le professeur cite trois exemples semblables de maladies héréditaires, et il assure que tous les trois étaient trop évidents et trop bien marqués pour admettre même la possibilité d'une erreur un peu grave ; ils ont, d'ailleurs, été certifiés par les professeurs de l'école vétérinaire d'Alfort. Il rapporte ensuite des observations semblables à l'égard des maladies des bœufs, des vaches, des moutons et des cochons, ainsi que de l'ophthalmie des chevaux. Toutes ces maladies se transmettent d'une génération à l'autre par l'effet de l'influence héréditaire. « Ces considérations, continue le professeur, sont pour nous de la plus haute importance, puisqu'il dépend de nous, en accouplant et en croisant des races bien connues, de diminuer le nombre d'animaux prédisposés à ces maladies. Agissant d'après ces idées, la ligne de conduite que nous devons suivre est marquée. Il faut que nous bannissions de l'établissement que nous formons dans le but d'améliorer les races, tout animal qui offrira le moindre signe d'une maladie tuberculeuse ou d'une autre affection analogue. Il ne faut surtout pas permettre qu'un étalon demeure dans un lieu humide ou froid, à cause des maux qui en peuvent résulter. »

Pour ce qui regarde la préférence à donner à l'étalon sur la jument dans la procréation des chevaux de course, on peut citer le passage suivant de la troisième partie du *Cours de médecine vétérinaire* de Percival (*Londres*, 1826) : « On pourrait supposer que la part du mâle dans la fécondation est très-peu importante, mais il faut se rappeler que l'acte de la copulation est la cause première et essentielle de cette fécondation, que l'action des organes y est naturelle et sympathique, et que le résultat en est la génération d'un nouvel animal, offrant une ressemblance avec un de ses parents ou avec tous deux; d'où il paraîtrait que, quoique la part physique que le mâle prend à cet acte soit simplement de lancer la liqueur séminale dans la femelle, qui seule possède le pouvoir de la rendre efficace, l'influence du sperme dans le procédé de la génération est beaucoup plus grande que nous ne l'imaginons, ou du moins surpasse tout ce que la physiologie a pu encore découvrir. »

Du Caractère.

(Temper.)

Le Caractère est une qualité de haute importance dans le cheval de course, attendu qu'il est soumis à son influence, dans des occasions bien plus difficiles que la plupart des autres chevaux. En premier lieu, sa peau fine et presque dépourvue de poils, adoucie, nettoyée par de fréquentes et copieuses transpirations, devient si éminemment sensible à la friction du bouchon et de la brosse, qu'il cherche naturellement à se délivrer du tourment qu'il éprouve, en attaquant la personne qui l'étrille, ce qui fait qu'il devient vicieux dans l'écurie. Il faut en outre se rappeler qu'il est peut-être parvenu au plus haut point de bonne condition et de nourriture soignée dont sa nature soit susceptible. Puis, quand il arrive dans la carrière, il entend le son inaccoutumé de la musique, et voit une foule d'objets dont l'aspect lui est étranger. Parfois, on lui fait prendre deux ou trois faux élans avant de commencer à courir, et trop souvent, dans le moment même où il fait de son mieux, il est cruellement maltraité par le fouet et l'éperon. Et c'est pourtant dans la course, et surtout quand il s'agit de faire les derniers efforts pour remporter la victoire, que le caractère du cheval est mis aux plus fortes épreuves. Si alors ce caractère est mauvais, ou bien il se dérobe, au grand danger de la vie pour son jockey, et fait perdre inévitablement son maître et tous ceux qui ont parié pour lui; ou bien il se *retient,* pour employer le terme technique (*he shuts himself up*), c'est-à-dire qu'il boude et refuse de devancer ses rivaux, quoiqu'il en ait le moyen.

Il est donc évident que les producteurs de chevaux de course ne doivent point faire saillir les juments par des étalons d'un mauvais caractère connu, car presque toutes ces propensions sont certainement héréditaires. Nous pourrions citer un ou deux des meilleurs chevaux du jour, qui sont généralement rejetés comme étalons, pour procréer des chevaux de course, à cause de ces mauvaises propensions. C'est même pour cette raison que *Rainbow* a été envoyé en France, et je regarde cette circonstance comme singulièrement heureuse pour le *turf* français, attendu qu'il est devenu le père d'excellents chevaux de course, desquels, contre toute attente, le caractère n'a point participé aux défauts qu'on lui reprochait à lui-même.

Des Chevaux arabes ou de l'Orient.

Je crois devoir engager tous les producteurs de chevaux de course à ne pas tenter leur procréation par des chevaux arabes, et cela pour divers motifs. En premier lieu, parmi les chevaux arabes qui ont été amenés en Europe depuis quelque temps, il y en a très-peu qui soient *connus* pour être d'une caste élevée; secondement, en consultant le registre des courses anglaises, on trouve qu'à l'exception d'une jument nommée *Fair Ellen*, qui, saillie par *Wellesley*[1], qu'on dit arabe, mais qu'à cause de sa taille élevée on croit être plutôt un cheval persan, fut mère de *Dandizette* (3) et d'*Exquisite;* avec cette seule exception, dis-je, le *turf* anglais, loin de profiter de l'usage de pareils étalons, en a éprouvé des pertes considérables. On les a plusieurs fois mis à l'épreuve dans des circonstances favorables, mais on a toujours trouvé que leurs rejetons n'étaient pas en état de lutter à la course contre des chevaux du sang actuel de l'Angleterre: et s'il en fallait une preuve, on la trouverait dans le règlement de la course pour la coupe (*cup*) de Goodwood, où il est dit qu'à des chevaux issus d'arabes par des juments anglaises, il est alloué 18 livres, et quand c'est par des juments arabes, turques ou persanes, 36 livres.

L'arabe *Cole* eut une excellente occasion de se montrer en Irlande, ainsi que *Buckfoot*, il y a quelques années, en Angleterre. *Buckfoot* fut présenté à une jument nommée *Scarpa*, fille de *Crispin* et de *Bizarre*, laquelle était issue de

[1] Cet étalon a toujours été appelé *the Wellesley Arabian*.

Peruvian et de la *Violante* de lord Grosvenor, *la meilleure jument de l'année, et qui dans l'opinion du feu jockey Francis Buckle, « était la meilleure jument qu'il eût montée de sa vie.* » Or, le produit de cet accouplement fut une pouliche nommée *Mouse-Deer*. A l'âge de deux ans, *Mouse-Deer* courut contre *Weeper*, appartenant alors à lord Exeter, et maintenant à S. A. R. le duc d'Orléans, qui avait le même âge. Il lui fut accordé un avantage de 4 livres pour la première moitié du mille d'Abingdon à Newmarket; mais la victoire ne fut pas un moment indécise. *Weeper* aurait pu lui donner 10 livres et gagner.

J'ai déjà eu occasion de faire connaître au public mes opinions sur les deux derniers chevaux amenés en Angleterre, lorsque j'ai rendu compte, dans le *New Sporting Magazine*, de ma visite au haras de Guillaume IV, à qui ces deux chevaux avaient été envoyés l'année dernière comme un présent par l'Estmaun de Musquat. Cette opinion n'était guère favorable, et différait grandement de celle qui a été émise plus tard par le *Old Sporting Magazine*, dans un article signé « *Craven*. » La preuve que mon opinion était la plus juste se trouve dans le fait que, quoique ces chevaux fussent arrivés avant qu'on eût fait couvrir les juments du haras royal, ni l'un ni l'autre ne fut présenté à aucune d'entre elles. L'auteur de l'article dont je viens de parler ne saurait inspirer une confiance parfaite dans ses opinions au sujet des chevaux de race; car il déclarait que le sang de *Sultan* était mou et mauvais, précisément au moment où des chevaux de cette race remportaient d'emblée presque tous les grands prix.

Je suis, toutefois, disposé à reconnaître que le cheval de course anglais est originairement de sang arabe, turc et africain ou barbe; mais le fait est, qu'une fois qu'il a eu acquis les parties constitutionnelles essentiellement nécessaires à la formation du cheval de course, les Anglais, possédant une connaissance plus approfondie de la nature de l'animal, ainsi que des moyens de profiter de ses qualités, par la manière de l'élever, de le dresser et de le monter, ont su l'amener à un point de perfection qui, à ce qu'il paraît, ne peut plus être dépassé. En attendant, si l'on prend en considération les diverses particularités que chacune de ces espèces présentait, quant aux formes, à la force et à l'action, lesquelles exigeaient toutes certaines modifications pour les accommoder au but que l'on se proposait d'atteindre, on ne saurait nier qu'une tâche d'une difficulté peu ordinaire ne fût imposée aux producteurs de chevaux anglais; et cette tâche ils l'ont remplie avec un rare talent. Si d'autres pays ont fourni le sang, l'Angleterre a créé le cheval de course.

Voici ce que je disais, il y a quelque temps, en parlant de la souche primitive du cheval de course anglais : « L'origine du cheval indigène de mon pays n'est plus aujourd'hui qu'une question d'intérêt historique, dont la solution n'offrirait aucun avantage pratique. La preuve que l'on a réussi dans les expériences faites à différentes époques pour améliorer la race, et amener les diverses variétés à la perfection qu'elles ont atteintes aujourd'hui, expériences fondées sur l'étude de la nature et des propensions des chevaux, se trouve dans le fait de la haute estime dont les chevaux de la Grande-Bretagne jouissent dans toutes les contrées du monde civilisé. Ce n'est pas certainement trop dire, que d'affirmer, qu'en dépit de notre climat humide, froid et variable, si peu favorable à la production de ces animaux sous leur plus belle forme, nous sommes parvenus, après le cours d'environ deux siècles, à les amener au plus haut état de perfection dont leur nature soit susceptible. Nous devons ce succès à l'attention que nous avons mise à leur production, à leur alimentation, et à leur entretien général, dont le résultat a été le parfait développement de leurs muscles. »

On s'est donné beaucoup de peine pour définir le vrai sens du mot *blood* (sang), appliqué au cheval appelé de pure race (*thorough bred*). Osmer, écrivain anglais ancien, mais estimé, dit que c'est une certaine élégance dans les membres, effet de l'air, du climat et de la nourriture, qui, s'accordant avec la conformation naturelle de l'animal, le met en état d'exécuter des exploits extraordinaires, sous le rapport de l'activité et du mouvement, et qui lui donne la faculté de se livrer aux plus grands efforts physiques. De là l'expression, « il déploie beaucoup de *sang* », ne signifie autre chose sinon que c'est un vrai cheval de course. « Trouve-t-on, demande-t-il, du *sang* dans l'autruche, dont pourtant la rapidité est si grande, qu'elle se rit du cheval et de son cavalier? Si la bonne qualité d'un cheval de course, ajoute-t-il, dépendait du sang proprement dit, nous ne verrions pas, comme il arrive souvent, deux chevaux issus des mêmes parents, dont l'un serait très-bon et l'autre très-mauvais, quoiqu'ils aient tous deux été nourris et dressés avec le même soin. » Cet écrivain est d'opinion, que c'est pour avoir cru que ce que l'on appelle du sang noble dans les chevaux de l'orient, suffisait pour faire un cheval de course, indépendamment des formes essentielles, qu'il faut attribuer tant de tentatives échouées pour produire des chevaux de course. Il remarque encore que la vertu de ce que les amateurs de courses appellent *sang*, a été regardée comme un point de trop d'importance, et que l'on a perdu de vue la réflexion que le sang *ne doit jamais être considéré comme indépendant de la forme et de la matière.* Il y a beaucoup de vérité dans ces deux observations. Le sang ne saurait être considéré indépendamment de la forme et de la matière, en tant que l'excellence de tous les chevaux doit dépendre du mécanisme de leur structure; laquelle, si elle est bien proportionnée et accompagnée d'une excellente organisation tant intérieure qu'extérieure, leur donne l'enjambée, le pas, et la force de persévérance. La promptitude avec laquelle les enjambées sont répétées et le pouvoir de les continuer, dépendent de la vigueur des muscles, de la capacité de la poitrine, et de la force des poumons comprimés. Le résultat de cet argument est, que si, en parlant de quelques étalons célèbres des temps passés, nous disons qu'ils ont transmis aux chevaux de course de nos jours, les excellentes propriétés de leur sang noble ou de leur illustre descendance orientale, nous ne pouvons entendre par là autre chose, si ce n'est qu'il leur ont communiqué cette véritable conformation des membres, cette fermeté de charpente et de muscles, et cette haute organisation générale qui donnent la facilité d'action, ainsi que cette grande force de respiration, par laquelle les chevaux sont en état de se soutenir, sans succomber, sous les épreuves les plus rudes. A dire vrai, leur perfection est en grande partie machinale. S'il n'en était pas ainsi, s'ils ne se surpassaient pas les uns les autres en proportion du plus ou moins de perfection de leur forme et de toutes leurs parties constitutives, les frères et sœurs seraient toujours également bons pour courir, la santé et la disposition étant d'ailleurs égales. Mais il n'en est pas ainsi. En outre, si tout dépendait du sang, le même cheval courrait également bien sur toutes sortes de terrains, ce qui arrive fort rarement; mais ce dont nous pouvons être assurés, c'est que c'est la supériorité de la fibre musculaire, jointe à des formes bien proportionnées, et non pas le sang qu'il a reçu en naissant, qui met un cheval en état de souffrir que l'on précipite son allure sur des terrains de tout genre, surtout quand ces terrains sont difficiles, comme ceux de plusieurs de nos carrières (*race courses*).

D'un autre côté, si cette élégance de formes, cette exacte proportion des membres, qui sont les leviers qui font mouvoir le cheval de course, sont indispensables, comment se fait-il que beaucoup de chevaux sans agréments, mal faits (*cross made*), en apparence disproportionnés, possèdent toutefois les qualités qui donnent la rapidité et l'action? Si par le mot sang (*blood*), on entend une certaine élégance dans la contexture des parties extérieures, comment se fait-il que tant de chevaux et de juments fort laids, se sont souvent distingués aux courses? Existe-t-il quelques causes occultes que l'œil ne saurait découvrir, d'où naît cette perfection à laquelle les règles et les lois du mouvement semblent s'opposer? A cet égard, on peut observer d'abord, que la force et l'effet du mouvement musculaire échappent à nos investigations, et secondement, que les chevaux dont je viens de parler ne sont réellement pas mal faits, puisqu'il y a certaines vertus cachées dans le mécanisme de leur charpente intérieure que l'œil ne saurait découvrir ; car s'ils sont défectueux sur un point, ce défaut est compensé par une plus grande puissance sur d'autres. Ils possèdent les points essentiels, quoique développés avec moins d'élégance; et nous avons lieu de croire que le cheval n'est pas le seul animal chez qui cela se rencontre; quoique généralement parlant, chez tous, une véritable symétrie soit toujours accompagnée d'une perfection proportionnée des propriétés utiles qui les adaptent aux besoins de l'homme.

Les personnes qui soutiennent l'existence d'une qualité innée dans ce que l'on appelle *sang*, sont portées à croire que, dans la nature d'un cheval de pure race, il y a un certain je ne sais quoi qui le met à même de lutter, dans une course, bien plus longtemps que ses forces naturelles ne sembleraient devoir le permettre, et ils appellent cette qualité mystérieuse *game* (ardeur). Nous ne croyons point à l'existence de cette qualité. Nous savons par expérience que des chevaux, par le seul effet d'un mauvais caractère, se laissent souvent battre par d'autres qui leur sont très-inférieurs; mais quant aux efforts qu'ils peuvent faire pour remporter la victoire, nous les regardons comme limités par leur force physique, qui est le résultat de la bonne disposition de toutes les parties dont ils se composent, sans que l'opération de l'esprit y contribue en quoi que ce soit. Les héros des jeux Olympiques ou les champions du pugilat, ont pu être animés par des sentiments qui, vu la supériorité de leur nature et la pensée que leur réputation, leur intérêt, leur bonheur à venir dépendaient du résultat de la lutte, les aient poussés à combattre tant qu'il leur restait un souffle de vie. Mais ce sentiment d'honneur, cet esprit d'émulation n'existent point dans le cheval de course. Si sa puissance d'action n'égale point celle de ses rivaux dans la course, il cède à cette supériorité; quoiqu'il faille avouer que les chevaux qu'on appelle paresseux, n'essayent pas même de faire tous leurs efforts, à moins d'y être excités par l'éperon et le fouet; tandis que d'autres, quand on les fouette ou qu'on les pique, ralentissent le pas au lieu de le doubler. Le résultat définitif de cette recherche sera donc de reconnaître que, lorsqu'en parlant de certains chevaux, tels que *Regulus, King Herod, Highflyer* et *Eclipse,* nous disons qu'ils ont transmis leur sang aux générations passées et présentes de chevaux de course, nous entendons seulement par là qu'ils leur ont communiqué la conformation et l'accord des parties nécessaires pour les mettre en état de parcourir une carrière avec une rapidité prodigieuse, et de supporter le pénible entraînement indispensable pour y parvenir.

Mais je n'ai pas encore parlé de la forme du cheval de course; je vais maintenant le décrire. Pour caractériser une espèce, il faut choisir un modèle parfait; je m'efforcerai donc de changer ma plume en crayon, afin de dessiner ses principales qualités avec toute la perfection possible. La nature présente rarement des modèles sans défauts dans le règne animal. Elle laisse à la sagacité de l'homme le soin d'achever sa tâche. D'ailleurs, une symétrie achevée n'est pas absolument nécessaire dans un cheval de course. Néanmoins, dans tout objet composé, la beauté consiste dans la juste proportion de toutes les parties entre elles; or la juste proportion des membres et des leviers de mouvements, jointe à cette élégance de formes, *dans laquelle il n'y a pas de poids inutile qui opprime les muscles*, distinguent éminemment le cheval de course de pure race, et sont tout ce que l'on doit exiger de lui. Toutefois, il est difficile de décider ce qui fait le bon coureur, et ce qui empêche de l'être, avant d'en avoir fait l'épreuve : car il s'est trouvé bien des chevaux qu'au premier aspect les amateurs auraient dédaignés, et qui cependant sont devenus d'excellents coureurs. En attendant, cette excellence dans les chevaux mal faits (*cross made*), mais qui ne sont pas pour cela contrefaits, vient, ainsi que je l'ai déjà remarqué, de ce qu'ils possèdent les parties nécessaires à la rapidité et à l'action, quoique ces parties ne soient pas chez eux développées d'une manière très-saillante; mais par le moyen de plus de longueur, de plus de profondeur, et de la manière particulière dont les parties agissantes se trouvent combinées, ils sont à même de surpasser d'autres chevaux, bien plus beaux à l'œil, mais qui manquent soit de la pente convenable, ou de la longueur, ou ce qui est plus probable, de l'étendue circulaire de ces parties. Or, comme, d'après les stoïciens, il n'y a que le sage qui soit beau, de même un cheval de course ne doit être admiré que pour les qualités qui font de lui un bon cheval de course.

Quoique la symétrie et les proportions fassent la perfection d'une figure, et que les plus beaux traits deviennent des difformités quand il n'y a point d'accord entre eux, il n'est pourtant pas toujours nécessaire de prendre pour mesure l'échelle de la perfection. Il suffit donc d'indiquer quelles sont les qualités généralement admises pour faire un beau cheval de course anglais.

Nous commencerons par la tête, non-seulement parce qu'elle a toujours été regardée comme la partie la plus honorable du corps humain, mais parce qu'elle forme un des traits caractéristiques du cheval de pure race. Son front large et angulaire lui donne cette superbe expression de physionomie qu'aucune autre race ne possède; et la face, s'allongeant en fuseau ou devenant graduellement plus étroite, depuis le front jusqu'aux lèvres, forme un contraste frappant avec la large face du cheval de charrette, dont le front n'est guère plus large que cette face. Le cheval de course doit avoir l'œil noir, vif et à fleur de tête, ce qui est la marque d'une bonne constitution; et comme les chevaux ne respirent point par la bouche, mais seulement par les naseaux, les narines doivent être un peu ouvertes et flexibles, afin qu'elles puissent s'accommoder à une respiration plus pressée, à mesure que la course de l'animal devient plus rapide. *Naribus non angustis*, dit Varron, et il a raison. Mais elles ne doivent pas non plus être trop grandes. En attendant, la beauté de la tête n'est chez le cheval de course qu'une considération secondaire, si on la compare à la manière dont cette tête est attachée au cou; car c'est de là que dépend en grande partie la bonté de son haleine quand il court. Ses mâchoires, non-seulement ne doivent pas être *minces* ni trop s'approcher l'une de l'autre, près du gosier, mais encore elles ne doivent pas s'élever trop haut à l'endroit où elles rejoignent le gosier, car dans ce cas elles gêneraient sa respiration. Chez tous les chevaux, le cou doit être musculeux, mais ce que l'on appelle un col grêle (*a loose neck*), n'est pas un aussi grand défaut dans un cheval de course que dans un cheval de chasse; on le regarde même comme un indice de rapidité. La tête d'un cheval étant, pour ainsi dire, le gouvernail au moyen duquel il dirige sa course, et sa tête ne pouvant être mise en mouvement qu'à l'aide des muscles du col, il faut que ces muscles soient flexibles, et il faut en outre qu'il ait ce qu'on appelle la bouche bonne. On a prétendu que le poids de la tête et du col, dont l'effet augmente en proportion de leur distance du tronc, ajoute à la rapidité du cheval, en jetant tout son poids en avant; mais ce n'est pas là un motif pour augmenter le poids ou la longueur de ces parties, qui doivent toujours être dans une juste proportion avec le tronc. Le col du cheval de course ne doit tomber en aucun excès; mais il vaut mieux qu'il soit long que court, et pas trop arqué.

Les chevaux marchant, comme on dit, avec leurs épaules, on peut regarder ces parties comme fort importantes. Elles varient, quant à la forme, plus qu'aucune autre partie du corps du cheval; celles de *Flying Childers* s'élevaient très-hautes et très-minces vers le garrot, tandis que le garrot d'*Eclipse* soutenait, à ce que l'on assure, un baril de beurre sans appui, quand il eut commencé à engraisser, après avoir cessé de courir, et lorsqu'il ne fit plus que le service d'étalon. Toutefois, des épaules élevées étant un obstacle à la vitesse, leur obliquité est absolument nécessaire; mais nous n'insistons pas pour qu'elles s'amincissent vers les garrots. Nous pensons que les épaules d'*Eclipse* doivent avoir ressemblé à celles du lévrier, qui sont larges à la partie supérieure, et presque de niveau avec le dos. Des épaules larges, ou même ce que l'on appelle fortes, contribuent beaucoup à la vigueur, et ne sont point un obstacle à la vitesse, pourvu qu'il y ait une obliquité convenable à l'os plat de l'épaule. Quand le garrot est élevé ou mince, il doit s'élargir graduellement en descendant, et il doit y avoir quatre ou cinq pouces entre les membres de devant (*the fore arms*), mais pas autant entre les pieds.

La bonne position des membres est un point

important dans un cheval de course, puisqu'elle lui permet de couvrir plus de terrain qu'un cheval autrement bâti, dont le corps serait même plus étendu. Un des points essentiels est la position et la longueur de la partie qui s'étend depuis l'épaule jusqu'au genou; et un autre point, qui ne l'est pas moins, est la diminution bien graduée de la hanche jusqu'au jarret, ce que l'on appelle être bien pourvu dans la cuisse (*well let down in the thigh*). C'est parce que le lièvre possède ces qualités, même avec excès, qu'il est en état de décrire un bien plus grand cercle et de couvrir beaucoup plus de terrain qu'aucun autre animal, eût-il deux fois sa taille. En effet, le bras doit être placé à l'extrémité de l'épaule, ce qui facilite cet acte d'extension et ajoute au biais de l'épaule. Le genou doit être large et plat, et quand il serait même un peu arqué cela n'en vaudrait que mieux. Les jambes de tous les chevaux de la race de *Herod* avaient les genoux arqués, et jamais jambes de cheval n'ont mieux soutenu la fatigue; car cette forme diminue les secousses pendant le galop. La partie depuis le genou jusqu'au paturon, doit être d'une longueur modérée dans le cheval de course, plus longue cependant que dans le cheval de chasse, et par-dessus tout, elle doit paraître plate et non pas ronde ; les muscles et les os doivent être distincts, et les premiers doivent paraître fortement attachés. Le paturon du cheval de course doit être long, flexible, et délié; la longueur et la flexibilité faisant l'effet de ressorts, tandis que le peu de volume contribue à l'agilité, et par conséquent à la persévérance, ou à ce que l'on appelle le fond (*bottom*). On peut à quelques égards comparer cette partie du cheval au bas de la jambe de l'homme, qui doit être aussi fin que le mollet doit être gros. Quand l'homme se fatigue plus qu'à l'ordinaire, il ne se plaint jamais d'éprouver de la douleur dans le bas de la jambe, tandis que celle du mollet lui apprend souvent qu'il a excédé ses forces. Le sabot du cheval de course doit être d'une grosseur modérée en proportion de la jambe.

La charpente osseuse du cheval de pure race, surpasse de beaucoup celle de toutes les autres espèces de chevaux en compacité et en solidité. qualités admirablement bien adaptées au cheval de course, attendu que l'enjambée dans le galop doit donner une secousse proportionnée à son étendue. On ne dira pas de lui comme Job en parlant du béhémoth, que ses os sont comme des barres de fer; toutefois la densité des os étant proportionnée à la force musculaire de l'animal, ceux du cheval de course n'ont pas besoin d'être épais; il vaut mieux même qu'ils ne le soient pas. L'expérience nous apprend qu'il est fort rare que l'os des canons se casse; quand des accidents ont lieu en courant, ce sont presque toujours ou des luxations des jointures ou des fractures de l'os du paturon. Ce qui est le plus à désirer dans un cheval de course, c'est qu'il ait l'os du canon un peu petit, mais soutenu par des tendons larges et bien attachés, séparés de l'os, et formant ce que l'on appelle une jambe plate et en fil d'archal (*wiry*). Cette forme indique non-seulement la rapidité et la persévérance, mais encore la solidité lors d'un travail pénible. Les personnes qui ne connaissent point la structure anatomique des animaux s'imaginent seules que le fondement de la force ne réside que dans la substance osseuse, et négligent les appendices musculaires qui constituent le principal ressort de la force et de l'action.

Le cheval doit avoir de la longueur, mais cette longueur doit consister dans la largeur des épaules et dans la longueur de la croupe, et non pas dans le dos. Pour lui donner cette élégance de forme qui le distingue, il ne doit montrer nulle part d'angle aigu ou de ligne droite; ses épaules doivent se lier au col sans que l'on s'aperçoive du passage, et son dos doit s'abaisser un peu derrière le garrot, ce qui donne à son cavalier un bon siége, et ne diminue en rien la force de l'animal. Au contraire, les chevaux qui ont le dos droit, sont en général défectueux dans les quartiers de devant et faibles dans leur action, et nous avons connu quelques très-bons chevaux de course qui avaient même le dos creux. Il doit y avoir un peu d'élévation dans les reins, immédiatement derrière la selle; mais le cheval de course ne doit pas avoir les côtes trop serrées; elles doivent se bien détacher de l'épine du dos, formant ce que l'on appelle le tonneau, et donnant de la largeur à la charpente du cheval, ce qui devient pour lui une source de vigueur et de bonne constitution; car les intestins étant commodément logés sous les côtes, le cheval en acquiert une grande facilité de respiration, de l'activité et de la beauté, pourvu que les autres parties soient proportionnées. Il ne faut pourtant pas que ces points, tout utiles qu'ils sont, soient poussés à l'excès, sans quoi le cheval deviendrait, comme on dit, *trop lourd pour ses membres;* car nous savons que les chevaux qui ont le corps léger fatiguent beaucoup moins leurs membres quand ils galopent, ce qui explique pourquoi les juments et les hongres supportent la fatigue de l'entraînement jusqu'à un âge beaucoup plus avancé que les étalons; attendu qu'ils ont moins besoin de travaux préparatoires pour se mettre en état de courir, étant moins pourvus de chair que les derniers.

Après la tête ce sont les hanches qui distinguent plus particulièrement le cheval de bonne race. Toutefois, si la largeur des hanches ôte un peu de l'élégance du train de derrière, cet inconvénient est bien compensé par l'augmentation de vigueur dans l'animal, ainsi qu'il arrive aux hommes qui ont de larges épaules; et quand ces protubérances de l'ilium sont accompagnées de bons reins, il est difficile qu'elles soient plus considérables qu'il ne faut pour donner de la force et de l'action. Nous arrivons après cela à la cuisse, dont la forme et la substance sont extrêmement importantes pour le cheval de course, car, quoique l'on dise que les chevaux marchent par leurs épaules, la force d'impulsion, dans le mouvement de progression, vient du train de derrière. Chez tous les animaux doués d'une grande rapidité de mouvements et qui en ont besoin, la cuisse possède une puissance et une longueur extraordinaire; tel est, par exemple, le lièvre, dont les cuisses sont très-longues pour sa taille, et dont le bas des jambes est placé sous les cuisses, comme celui du cheval doit l'être, par suite de la courbure que doit avoir le jarret. La vitesse de l'autruche vient de la force des muscles depuis le bassin jusqu'au pied; et les amateurs de combats de coqs attachent une grande importance à la cuisse de ces oiseaux. Il n'est pas nécessaire que la cuisse d'un cheval de course soit très-épaisse, mais elle doit déployer des muscles bien développés. En descendant encore plus bas dans ce membre, nous arrivons au jarret, jointure très-compliquée, mais dont la forme est fort importante dans le cheval de course. Il doit être long et évidé, et sa pointe doit ressortir derrière la croupe, ce qui, dans l'action, augmente beaucoup la force du levier.

De la Taille.

En toutes choses le point de perfection est placé entre les deux extrêmes, et il en est de même ici. La hauteur moyenne, qui est de quinze paumes et demie, en comptant quatre pouces (un décimètre) par paume, est la plus convenable pour un cheval de course. De même qu'une longue poutre se casse par son propre poids, les grands animaux ont rarement de la force proportionnée à leur taille. En effet, s'il y avait des animaux terrestres plus grands que ceux que nous connaissons, ils ne pourraient presque pas se mouvoir du tout. A un très-petit nombre d'exceptions près, les fort grands chevaux qui ont paru à différentes époques sur le *turf* anglais, ont moins bien supporté de grandes charges que ceux d'une taille moyenne ; et il existe plusieurs exemples de chevaux tels que *Meteor, Meteora, Whalebone* et autres qui se sont distingués au nombre des meilleurs de l'année, quoiqu'ils fussent parmi les plus petits. *Meteor* était un des plus petits chevaux de son année, ce qui n'empêchait pas qu'il ne pût faire un avantage de sept livres aux meilleurs d'entre ses rivaux, courant avec de grands poids. Quand *Whalebone* remporta le prix de Derby, il avait l'air d'un bidet à côté des autres chevaux qui couraient avec lui, et la carrière de Meteora, qui était aussi de petite taille, fut très-brillante. Indépendamment du prix d'Oaks à Epsom, elle remporta deux classes du prix d'Oatland à Ascot, le prix d'Audley-End et la vaisselle du club des jockeys à Newmarket, la vaisselle du roi, pour les juments, à Chelmsford, la coupe d'or de Brighton, et plusieurs autres prix. J'ai moi-même vendu pour dix livres sterling, une pouliche d'un an, parce que je la regardais comme sans valeur à cause de sa petite taille. Elle courut plus tard sous le nom de *Ynysymaengwyn* (ce qui en langue galloise signifie : l'*Ile de la pierre blanche*), et remporta quatorze prix. L'aïeule de cette jument était fille de *Meteor,* qui était père de *Meteora,* et qui lui-même n'avait pas tout à fait quinze paumes de haut. (Voyez le *Studbook.*)

Voici quels sont les points principaux et essentiels d'un cheval de course, tels qu'ils ont été désignés par M. Darvill, dans le second volume de son *Traité du soin, de la conduite et de l'entraînement d'un cheval de course anglais;* Londres, 1834.

« Je vais maintenant décrire aussi clairement qu'il me sera possible, la manière dont je pense qu'un cheval doit être formé pour courir. Il doit avoir la tête petite et maigre; les oreilles petites et droites (*picked*); les yeux grands et brillants, le front large et plat; nous entendons par là que sa face doit ressembler à celle d'un cerf. Du bas du front, en descendant jusqu'à une certaine portion des naseaux, il doit y avoir, pendant un court espace, une courbure graduelle ou une légère concavité; de là en descendant plus bas, le nez doit être un peu élevé, et les narines doivent être si ouvertes que, lorsque, par suite de ses efforts, la respiration du cheval aura été augmentée, on distingue facilement, quand il souffle, la membrane rouge qui les tapisse. Le bout du nez (*muzzle*) doit être proportionnellement petit et les lèvres minces, en sorte que lorsque, par leur contraction musculaire, elles recouvrent les dents et les gencives, elles y paraissent en quelque sorte attachées. La place occupée par la parotide doit être nette, en laissant un espace assez large entre les os des mâchoires, qui doivent être minces. Le col doit être d'une longueur modérée. Je préfère qu'il soit large, j'entends par là que sa largeur doit être formée par la substance des muscles qui passent le long de chaque côté de sa partie supérieure. Depuis le garrot jusqu'à la tête, il peut s'élever un peu dans le centre; mais non pas avec excès, car j'ai une grande aversion pour les chevaux de course qui ont le col trop haut et arqué. A dire vrai, j'aimerais mieux qu'il eût le col tel que j'ai décrit la face, c'est-à-dire de la forme de celui d'une brebis ou d'un cerf, plutôt que d'être chargé par le haut, ainsi que j'expliquerai tantôt. Quant au bas du col, je n'ai pas de remarques particulières à faire, si ce n'est que la trachée doit être spacieuse et pas trop fermement attachée au col en se rendant aux poumons.

« Le garrot peut être d'une hauteur modérée, et si l'on veut aussi modérément mince; mais quant à ce dernier point, je n'y tiens pas beaucoup, pourvu que les épaules soient bien inclinées. C'est à compter du garrot que commence le dos. Je conviens que les apparences peuvent être en faveur d'un cheval qui a le dos un peu bas ou creux. Cela peut être fort bien pour un cheval de selle; mais pour qu'un cheval de course ait de la force et de la liberté d'enjambée, il faut qu'il ait le dos droit et modérément long, se joignant bien des deux côtés avec les épaules et les reins. Les reins doivent avoir beaucoup de largeur et de substance musculeuse, au point qu'ils doivent avoir l'air d'être, comme qui dirait, soulevés sur leur surface, et les muscles qui sont derrière les reins doivent remplir et mettre de niveau la croupe jusqu'à la naissance de la queue, laquelle doit être placée assez haut, et à son origine doit se séparer un peu en dehors de la croupe retombant tout droit jusqu'aux jarrets. L'anus ou fondement doit se contracter en un très-petit espace, au point de ne laisser voir, pour ainsi dire, aucune étendue entre lui et les parties environnantes; car l'anus doit être petit, serré, et bien formé dans toutes les espèces de chevaux. Les muscles qui l'environnent doivent être rassemblés en petits plis, et le grand sphincter ne saurait agir avec trop de force pour contracter l'anus non-seulement après que les besoins de la nature ont été satisfaits, mais encore, je le répète, de façon à ce qu'il soit en tout temps petit, serré, fermé, et même s'avançant un peu en dehors. J'insiste là-dessus parce que l'anus est une des parties les plus importantes de la constitution d'un cheval. Si le fondement d'un cheval est tel que nous venons de le décrire, et si cet animal a beaucoup de largeur entre les hanches, avec des reins d'une surface bien large, et la poitrine spacieuse, il possède les quatre points constitutionnels qui compenseront tout ce qui pourra en apparence lui manquer du côté du corps; et de plus, un cheval ainsi formé, quant à tous les points que je viens de nommer, mangera toujours bien, et il sera facile de le dresser en peu de temps pour la course, car il aura invariablement l'haleine bonne.

« J'arrive maintenant au corps, ou à ce que certaines personnes appellent la pièce du milieu (*the middle piece*) d'un cheval ; il se divise intérieurement en deux cavités, par une substance musculeuse nommée le diaphragme. La cavité antérieure, qui est la poitrine, renferme les poumons, le cœur, etc. ; la cavité postérieure, qui est le bas-ventre, contient l'estomac, les intestins, le foie, les rognons, etc. Pour ce qui regarde la forme extérieure du corps, qui entoure et protége tous ces nombreux organes, si essentiels à la vie, je commencerai mes observations par la poitrine.

« Pour me servir d'une phrase familière, mais très-expressive, un cheval doit être bien sur le cœur (*be well over the heart*), c'est-à-dire qu'il doit avoir le bréchet profond (*be deep in his girth*), les côtes rondes et bien arquées. J'entends par là que la personne qui monte un cheval de course, lequel a d'ordinaire la poitrine mieux formée que les chevaux dont on se sert communément, doit sentir qu'il a une certaine largeur ou substance entre les jambes; il faut que les muscles se renflent bien devant ses genoux, ou devant le centre des pans de sa selle. Quand la poitrine est ainsi largement formée, elle laisse de l'espace pour la respiration, de sorte qu'en entraînant le cheval on peut perfectionner son haleine, ce qui lui permet de continuer à courir pendant longtemps.

« Après cela, il faut s'occuper du bas-ventre ou, comme on dit en anglais, *the carcass.* On trouvera peut-être ce que je vais dire un peu étrange, mais j'avoue que j'ai une grande aversion pour ce que l'on appelle communément un cheval à larges côtes (*a good carcassed horse*). Il est vrai qu'un cheval qui a les côtes serrées (*well ribbed up*), annonce de la force, et qu'en courant, il tourne avec adresse; d'ailleurs, ainsi que je l'ai déjà remarqué, il est en général assez bon quand il s'agit de parcourir une carrière courte et ronde et avec de grands poids; mais cette manière de courir est beaucoup moins usitée qu'elle ne l'était autrefois, ou, pour mieux dire, elle ne convient pas beaucoup aux chevaux qui courent à présent à Newmarket. Il faut en outre remarquer que les chevaux qui ont les côtes larges sont, en général, fort gloutons; ils ont beaucoup de chair, et sont très-difficiles et embarrassants à entraîner, parce que leur constitution est trop forte et qu'ils sont proportionnellement trop gros pour leurs jambes et leurs pieds. Non-seulement ces chevaux, après avoir été entraînés, ne restent pas longtemps en état, mais encore on ne peut pas les y maintenir longtemps, sans qu'ils ne perdent leur fraîcheur, tant pour le corps que pour les jambes, et c'est pour cela que je n'aime pas les chevaux à larges côtes. Je ne veux pourtant pas que les chevaux soient serrés des côtes au point de ressembler à des guêpes. J'aime que le corps d'un cheval soit dans un juste milieu, c'est-à-dire qu'il soit droit et beau depuis le derrière des sangles de la selle, et alors la bonne conformation des parties dont j'ai parlé, savoir, de la poitrine, des reins et du fondement, lui donnera une constitution aussi forte qu'il est nécessaire.

« Pour en revenir aux extrémités antérieures, les épaules commencent un peu au-dessous du garrot; elles doivent être particulièrement bien inclinées, profondes, larges et d'une grande force musculaire; mais ces parties musculeuses ne doivent le paraître que modérément à l'œil; c'est-à-dire qu'elles ne doivent pas être chargées hors de proportion. Les muscles doivent se montrer distinctement; il ne doit y avoir aucune apparence de graisse ou de ce que l'on appelle, en termes techniques, membrane adipeuse. Les épaules ne peuvent pas être trop obliques dans leur descente jusqu'au devant de la poitrine; là, de chaque côté, une jointure est formée par la partie inférieure du scapulum qui s'unit à la partie supérieure de l'humérus. Ces jointures ainsi formées s'appellent ordinairement les pointes (*points*) des épaules; ces pointes doivent paraître droites ou de niveau. Dans les chevaux que l'on destine à la course, les pointes des épaules ne doivent avoir rien de grossier, de lourd, rien qui avance; à la vérité, cela arrive rarement, si ce n'est quand la poitrine du cheval est beaucoup plus large qu'à l'ordinaire. Quand on regarde la poitrine en face, elle doit paraître d'une largeur modérée, et si sa proéminence est le moins du monde considérable, ce doit être par suite de la plénitude ou de la substance des muscles qui recouvrent la poitrine, lesquels doivent être allongés (*lengthy*), et leurs divisions doivent se laisser voir d'une façon distincte.

« L'avant-bras doit être large et long, et particulièrement bien garni de muscles dans sa partie supérieure, en dedans comme en dehors. Je veux dire par là que les muscles du haut et de la partie antérieure doivent être assez gros pour ne laisser qu'une distance peu considérable entre les membres de devant, immédiatement au-dessous de la poitrine, et ces muscles doivent paraître comme ceux du devant de la poitrine. La partie postérieure du haut s'appelle le coude; ce coude, lorsque le cheval est en état, doit paraître à peu près se confondre avec le corps. Pour peu qu'il s'éloigne de cette apparence, j'aimerais encore mieux que ce fût en dedans que s'il s'écartait beaucoup trop en dehors. L'articulation du genou doit être grande, large et plate de face; généralement parlant, plus, d'une part, toutes les articulations sont grandes et larges, plus elles sont bonnes et fortes; et plus, de l'autre part, leurs éminences sont fortes, plus le levier sur lequel les muscles ou les tendons doivent agir sera grand et sûr, pourvu que ces éminences ne soient pas tellement disproportionnées qu'il puisse en résulter une maladie comme l'éparvin ou la forme (*ringbone*). La partie depuis le genou jusqu'au boulet ne saurait être trop courte, ni trop large ou trop plate; le tendon fléchisseur doit aussi être très-fort et se montrer en quelque sorte distinctement séparé de l'os. La jointure du boulet doit aussi être large, et le paturon fort en proportion; mais sa longueur et son obliquité doivent être modérées.

Le sabot doit aussi avoir une obliquité modérée, avec les talons ouverts et la fourchette en bon état. C'est là, en effet, l'état où se trouvent les poulains de course quand ils quittent pour la première fois le haras, pourvu que leurs pieds aient été bien soignés pendant qu'ils y étaient. Mais les pieds de ceux qui ont déjà travaillé depuis quelque temps sont parfois en mauvais état; ils deviennent droits et forts, le sabot se montre dur et cassant, et le talon plus ou moins contracté. Presque tous ces défauts proviennent de ce qu'on ne leur a pas donné les soins nécessaires quand on les a ferrés, et qu'on ne leur a pas appliqué les remèdes convenables dans les écuries. Quant à la structure du pied des chevaux de ce genre et à leurs maladies, comme aussi la manière de les ferrer pour la course, on en trouvera la description dans les différents chapitres qui traitent de ces sujets dans mon premier volume. Avant de terminer mes remarques sur les extrémités antérieures, il sera peut-être bien de faire observer au lecteur qu'en supposant l'animal bien conformé dans ces parties, d'après les règles que j'ai données, et le lecteur placé en face, le centre de la partie supérieure de l'avant-bras doit être à peu près ou tout à fait sur une ligne parallèle avec la partie supérieure ou antérieure du garrot, ainsi qu'avec la partie supérieure de l'avant-bras en descendant jusqu'au pied; pour que le cheval soit ferme, et pour qu'il ait le pouvoir de bien se servir de ses jambes de devant, il faut qu'il se tienne parfaitement droit sur elles; j'entends par là qu'elles ne doivent paraître placées ni trop sous lui ni trop en dehors. Supposant de nouveau, par exemple, qu'un homme soit placé en face du cheval et que de là il regarde le pied, la partie centrale de la muraille devra se trouver sur une ligne parallèle avec la partie inférieure ou l'articulation de l'épaule, que l'on appelle communément sa pointe. Les pieds d'un cheval ainsi placés ne seront ni trop en dehors ni trop en dedans; mais s'ils s'écartaient de la position que je viens d'indiquer au point que cet état devînt un défaut, j'aimerais encore mieux qu'ils fussent placés un peu trop en dehors qu'autrement, c'est-à-dire ce que l'on appelle en pattes de pigeon (*pigeon toed*).

Je vais maintenant décrire le train de derrière ou les extrémités postérieures. Il est sans doute inutile de remarquer que la bonne conformation de ces parties est de la plus haute importance pour un cheval de course; il est par conséquent nécessaire qu'elles soient de très-fortes dimensions quant à la largeur, à la substance et à la longueur. Les hanches doivent être séparées par une grande largeur, et quand elles seraient un peu grossières ou proéminentes, cela n'en vaudrait que mieux, pourvu qu'il n'y eût pas d'excès, et que cela n'allât pas jusqu'à rendre l'animal commun ou désagréable à voir. La partie qui s'étend depuis le centre et la partie postérieure des reins, jusqu'au haut de la queue, s'appelle la *croupe;* elle doit être d'une longueur considérable, et si elle s'écarte de la ligne droite il n'y a pas de mal qu'elle soit un peu arquée dans le centre. La croupe, quand elle est ainsi formée, donne beaucoup de largeur au haut des quartiers, dont la longueur, depuis la croupe jusqu'au jarret, ne saurait être trop grande, afin qu'il y ait là assez de place pour attacher les muscles larges, puissants, longs et distinctement divisés de l'extérieur des quartiers et des cuisses; et il doit aussi se trouver, dans un cheval bien fait, une semblable portion de ces muscles larges, puissants, longs et distinctement divisés, dans l'*intérieur* des quartiers et des cuisses, aussi bien qu'à l'*extérieur*, en sorte qu'un homme qui s'y entend puisse les reconnaître sur-le-champ, en regardant le cheval par derrière. Dans cette position, on doit être en quelque sorte frappé à la vue de la grande largeur et longueur de la partie postérieure des quartiers, et quand l'homme fera mouvoir sa tête de droite à gauche, le centre et l'extérieur des quartiers, ainsi que le renflement des muscles, doivent paraître hors du niveau des hanches. Les parties supérieures des muscles dans l'intérieur des quartiers doivent paraître tout à fait serrées les unes contre les autres, de façon à ne laisser voir aucun espace vide.

L'articulation de la rotule (*stiffle*) doit être directement au-dessous de la hanche, et la distance de cette articulation à celle du jarret ne saurait raisonnablement être trop longue, ni la jambe former un angle trop fermé avec la cuisse, de manière que la pointe du jarret paraisse dépasser la pointe de la fesse : ce qui allongera le levier sur lequel se meut le tendon d'Achille, qui, de même que le muscle fléchisseur de la jambe, ne saurait être trop grand ni trop distinctement aperçu, depuis son origine, au bas du quartier, jusqu'à son insertion dans la pointe postérieure ou proéminente du jarret. Le jarret doit être large, avec une apparence nette; les parties molles qui sont parfois le siége des maladies appelées mollettes, vésigons, doivent, dans un jarret sain et bien formé, montrer les proéminences dont j'ai parlé, lesquelles deviennent quelquefois une cause qui fait boiter. Le pied de derrière, comme celui de devant, doit être court, large, plat et droit; le petit angle formé par le jarret, joint à l'obliquité modérée du paturon, doit porter l'extrémité du pied à peu près sous le grand muscle de la jambe.

De l'Haleine (*Wind*).

Il est vrai de dire que c'est la rapidité qui remporte le prix de la course, mais pour en retirer tout l'avantage possible, il faut qu'elle soit accompagnée de la durée. Or rien n'assure autant cette durée qu'une haleine bien nette, c'est-à-dire une grande liberté de respiration, dont le défaut fait que le cheval de guerre se révolte contre la main qui le guide, que le cheval de chasse saute mal, que le cheval de trait tombe comme frappé de la foudre, et que le cheval de course s'arrête ou bien abandonne la carrière. En effet, quand les organes de la respiration sont fatigués, tout animal perd en quelque façon ses forces. La cause d'une bonne haleine se distingue à la vue; elle gît principalement dans la profondeur du quartier d'avant qui annonce un thorax ou une poitrine spacieuse. Quelque large que soit un cheval à son quartier d'avant, il n'aura pas une bonne haleine, à moins qu'il ne soit en même temps profond. Et pourtant l'haleine du cheval de course dépend d'autre chose encore, savoir : de la nature des parties qui le constituent et le composent; lesquelles, si elles sont chez lui dans une proportion convenable, lui donnent de la force et de l'agilité, et en même temps cette aisance d'action qui fait que les organes de la respiration ne se fatiguent pas facilement, et lui permettent de continuer à courir, pendant que d'autres, moins bien traités par la nature, sont forcés de ralentir le pas. Les effets avantageux d'une bonne haleine dans un cheval de course sont de deux sortes : d'abord elle lui donne un avantage marqué dans la course même, et puis des chevaux ainsi organisés exigent moins de travail préalable pour les mettre en état de courir. Le passage suivant sur ce sujet est digne de remarque : « Quand l'animal fait de grands efforts, une augmentation plus considérable de sang purifié est nécessaire pour soutenir la force vitale, et l'action des muscles oblige le sang de couler plus rapidement dans les veines : de là vient qu'un cheval en courant respire avec plus de vitesse et plus profondément; de là aussi la nécessité d'une poitrine vaste, en état de fournir une provision d'air suffisante, et la liaison de cette capacité de la poitrine avec la rapidité du cheval et sa faculté de supporter la fatigue; de là encore le merveilleux soulagement qu'éprouve un cheval haletant et essoufflé, quand on desserre les sangles de la selle, ce qui permet à sa poitrine de se déployer et de se contracter avec plus de facilité et par conséquent de fournir plus de sang purifié; de là enfin le soulagement que procurent quelques moments de repos, pendant lesquels cette dépense n'est point nécessaire, et qui donnent aux forces presque épuisées des organes le temps de se remettre. C'est ce qui prouve aussi la nécessité d'une grande ampleur de poitrine pour l'accumulation de tant de chair et de graisse : car si une portion considérable du sang est employée à la croissance de l'animal, et si cet emploi est subitement changé, il faut que les moyens qui doivent contribuer à cette rapide purification existent; or elle ne peut être effectuée que par l'augmentation de la masse des poumons et par la largeur correspondante de la poitrine qui doit les contenir. »

De la Couleur du cheval de pure race.

La beauté des formes que l'on observe dans le règne animal est subordonnée à l'utilité générale ; ces formes nous plaisent d'autant plus qu'elles réunissent ces deux qualités. Nous admirons l'élégante structure du cygne, mais notre plaisir redouble quand nous contemplons l'aisance et la dignité de ses mouvements. Toutefois les couleurs que la nature a répandues avec tant de profusion sur quelques animaux, comme, par exemple, sur les oiseaux, offrent des beautés indépendantes de l'utilité, et qui n'ont pu y avoir été mises dans aucun autre but que de les orner. La couleur la plus ordinaire du cheval de pure race est singulièrement élégante et nette : c'est un bai éclatant avec crinière et queue noires, ainsi que les jambes; parfois seulement on remarque une étoile blanche sur le front, ou un talon blanc. Il est digne de remarque que les couleurs que l'on peut appeler vulgaires, telles que l'alezan clair ou le brun avec un muffle blanchâtre, se rencontrent fort rarement dans le cheval de pure race; nous ne connaissons qu'un seul exemple d'un cheval pie et très-peu de rouans. Le noir n'est pas estimé, quoique plusieurs de nos meilleurs chevaux de course (par exemple *Smolensko*), et notamment tous les rejetons de *Trumpater*, aient été de cette couleur. Le vrai marron est assez commun, et équivaut au bai pour la richesse et l'éclat des nuances; c'était la couleur d'*Eclipse;* et de même que l'on voit souvent chez les coqs dressés au combat, la couleur primitive reparaître après quinze générations, il n'est pas rare qu'un cheval de pure race soit marron, quoique issu d'un étalon et d'une cavale, bais tous les deux, ou bien de toute autre couleur, pourvu que sa généalogie puisse remonter, d'une façon ou d'une autre, à *Eclipse*. Il n'y a pas jusqu'à une petite tache foncée que ce célèbre cheval avait sur le croupion, qui ne se soit fréquemment retrouvée dans ses descendants à la cinquième et sixième génération.

De l'achat d'un cheval de course.

Il y a des personnes qui aiment mieux acheter des chevaux de course que de les produire elles-mêmes. Quand il s'agit d'un amateur qui débute sur le *turf*, il est assez difficile de déterminer quelle est la meilleure méthode à suivre. Dans le premier cas, c'est-à-dire par l'achat, il est sûr d'avoir plus ou moins la valeur de l'argent qu'il a dépensé; dans le second, il peut ne rien avoir. Deux ou trois juments poulinières qu'il fera couvrir peuvent avorter ou mettre bas des poulains qui ne valent pas la peine d'être dressés. D'un autre côté, un beau poulain, donnant des espérances, mais qui n'aura encore subi aucune épreuve, est toujours d'un prix considérable, et ce prix augmente encore de beaucoup si l'on a déjà acquis l'assurance qu'il possède la rapidité et les autres qualités que l'on exige d'un cheval de course. En attendant, il existe en Angleterre une circonstance qui influe, tant sur le prix d'achat des poulains et des pouliches, que sur la probabilité du succès de leur production, et cette circonstance est inconnue en France; je veux dire *leurs engagements*, par lesquels leur prix est tantôt diminué, tantôt augmenté.

Après avoir décrit la forme que l'on regarde comme la plus convenable pour le cheval de course, je n'ai plus que quelques conseils à offrir aux acheteurs.

Gardez-vous d'un poulain qui annonce que son corps sera trop grand et trop pesant pour ses membres. Bien que cette conformation soit l'indice d'une constitution robuste, il exigera tant de travail pour le préparer à courir, qu'il sera en danger de s'abattre toutes les fois qu'il prendra son élan, ainsi que dans ses suées et galops préparatoires.

Il faut par-dessus tout qu'il soit sain et issu d'une famille saine. Il ne doit pas présenter le moindre agrandissement d'un tendon ou relâchement des ligaments des jointures ; bien moins encore doit-il offrir des symptômes de maladie, et il va sans dire qu'il faut examiner avec soin sa démarche et son caractère.

Quant au sang, il n'y a pas de règles générales à donner à ce sujet ; mais ceci est surtout important quand il s'agit d'acheter les pères et mères. Le choix de ce que l'on appelle du sang *fashionable*, ou ayant la vogue, est la seule garantie qu'un producteur de chevaux de pure race puisse avoir contre les pertes, puisqu'il doit nécessairement entrer dans ses calculs, de vendre tous les ans une partie de son fonds. Il en est du moins ainsi en Angleterre, où ce que l'on appelle un poulain d'un an de sang croisé (*cross bred*), ne rapportera pas plus de la moitié de ce qu'il a coûté à élever (6).

Je vais maintenant décrire deux ou trois chevaux que je regarde comme offrant la forme convenable pour courir. *Longwaist,* par exemple, est à mes yeux le beau idéal d'un cheval de course, et il en est de même d'*Actæon. Tigris,* qui, à ce que je crois, est maintenant en France, est d'une forme très-parfaite; il est à la fois élégant et fort. Le *Frank*, de lord Henry Seymour, est encore un autre modèle ; car il a le corps fort allongé, ainsi que toutes les parties qui doivent l'être. Les principales marques d'après lesquelles on connaît un bon cheval de course sont : de la longueur dans la charpente réunie à de l'étoffe; la profondeur de la poitrine, les membres de derrière bien faits et *bien placés*, et ceux de devant bons et plats. Les os des membres n'ont pas besoin d'être grands, mais un membre plat, avec de gros tendons, faisant, quand on les touche, l'effet de cordes, est indispensable.

Il n'est pas possible de poser de règle sur le nombre de fois qu'un cheval peut courir dans la même année. *The King of Diamonds* a couru dix fois dans une année, et a remporté le prix dans vingt-neuf courses en tout. Mais il est rare de rencontrer de pareils chevaux, et la plus grande faute qu'un amateur puisse commettre est de faire courir son cheval trop souvent; cette faute a perdu plusieurs excellents chevaux. M. Riddell n'a jamais présenté *Doctor Syntax* aux courses plus de quatre fois dans la même année, et, si je ne me trompe, ce cheval n'a été vaincu qu'une seule fois. Il est du moins certain que jamais cheval, en Angleterre, n'a gagné autant de coupes d'or que lui, et il a supporté la fatigue de l'entraînement jusqu'à sa douzième année.

Les chevaux hongres et les juments supportent en général mieux ces fatigues que les étalons, parce qu'ils n'ont pas besoin de tant travailler pour se mettre en état de courir. *Euphrates* et *Marksman* ont couru jusqu'à l'âge de plus de douze ans, et *Victorine* qui m'appartenait, jusqu'à plus de neuf ans. Ainsi les poulains qui annoncent devoir devenir trop lourds pour leurs membres, doivent être châtrés à deux ans, attendu qu'il n'est pas probable qu'ils puissent supporter les fatigues de l'entraînement quand ils seront parvenus au terme de leur croissance.

Premier établissement d'un haras.

Le hasard contribue fort peu au succès d'un amateur de courses, et celui qui se fie à son bonheur s'appuie sur un frêle roseau. Une bonne direction, *dès l'origine*, peut seule donner au propriétaire d'un haras de chevaux de course, une chance probable de succès, et même alors il a encore d'énormes risques à courir, attendu qu'en Angleterre il y a tant de personnes qui tendent au même but que lui. Il faut que ses chevaux soient de bonne race, bien *élevés*, bien engagés, bien entraînés et bien montés; sans cela il n'a point de réussite à espérer à la longue. Nous allons donc commencer par le premier pas, qui doit nous conduire à l'accomplissement de nos vœux, savoir, la disposition des lieux convenables pour y établir un haras de chevaux de pur sang.

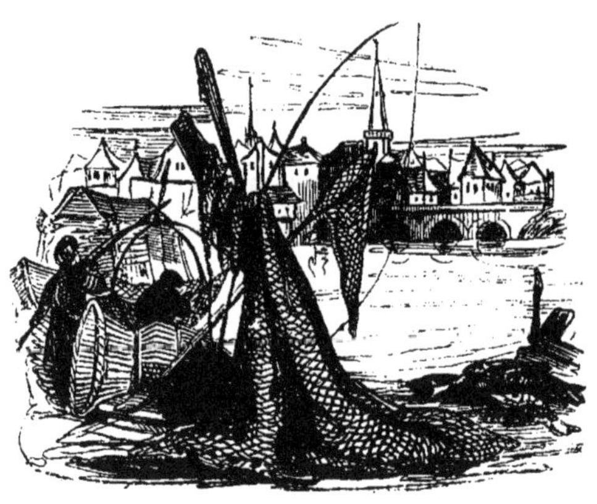

De l'enclos.

Je suis l'ennemi des grands enclos pour toute espèce de chevaux de race, mais surtout quand ils sont jeunes. L'enclos des juments poulinières ne doit pas dépasser un arpent et demi ou deux arpents d'Angleterre au plus (60 à 80 ares), et il ne faut jamais mettre plus de quatre juments ensemble; je préférerais même qu'il y en eût moins. Pour les poulains d'un et de deux ans, il suffit d'un enclos d'un demi-arpent d'Angleterre pour chaque âge. Quand ils sont plus grands, ils donnent aux poulains la facilité de courir au grand galop dans leurs jeux, ce qui fait souvent tort à leurs jambes, par le choc contre le terrain durci quand le temps est sec, et dispose beaucoup aux sur-os et autres excroissances osseuses. La nature du terrain est encore un point d'une haute importance à considérer. Depuis que l'on a perfectionné la manière d'élever les chevaux de pure race, l'herbe n'entre qu'en très-petite proportion dans la nourriture qu'on leur donne, du moins dans les deux ou trois premiers mois qui suivent leur naissance; mais pourtant il faut que le terrain sur lequel on établit un enclos soit d'une nature particulière. Il ne faut pas qu'il soit tel qu'on le choisirait pour y mettre des bœufs à engraisser, mais sain, sec, et disposé à se couvrir d'un gazon fin et doux. Le feu lord Grosvenor, père du marquis de Westminster, sans contredit le plus grand producteur de chevaux de pure race qu'il y ait eu en Europe, a été obligé de transporter son haras, du comté de Chester, où la terre était de la première espèce, à son domaine de Halkin, dans le pays de Galles, dont le sol n'était pas riche, mais sec. Cette précaution était plus nécessaire encore de son temps qu'elle ne l'est aujourd'hui, parce qu'alors les poulains mangeaient plus d'herbages qu'à présent. Les pâturages trop gras rendent souvent les poulains lourds de la tête, mous des jambes et plats des pieds : ils ne supportent pas tous les exercices, et sont, en outre, défectueux dans les muscles. Le célèbre duc de Cumberland, producteur de *Marske,* père d'*Eclipse,* transporta son haras au dunes d'Ilsley, dans le comté de Berks, où l'on voit encore les restes des enclos; et O'Kelly, plus célèbre encore que le prince, avait placé le sien sur les dunes d'Epsom : l'un et l'autre agissaient par le même motif, l'avantage d'un terrain sec.

Quand les enclos sont plus grands que je ne désire qu'ils soient, et quand le gazon devient trop épais et trop fort, quelques moutons que l'on y placera avec les juments auront bientôt remédié à cet inconvénient; il est quelquefois bien d'y mettre aussi une vache. Ainsi, par exemple, le fumier de l'année précédente produit des touffes d'une herbe forte qui ne convient pas à un cheval, mais qu'une vache mange avec plaisir ; par ce moyen la pousse suivante, dépouillée de sa force, redevient douce. Il existe en Angleterre une race de vaches sans cornes, dont on se sert exclusivement dans ce but.

La meilleure clôture pour l'enclos est un mur d'environ huit pieds de haut. Les haies vives sont en général habitées par des mouches qui tourmentent beaucoup les juments et les poulains, au point même de leur nuire considérablement en quelques endroits. Ainsi, par exemple, lord Lowther s'est vu obligé de transporter son haras d'Oxcroft, qui est à huit milles de Newmarket, à un terrain ouvert proche de cette ville, et cela à cause du grand nombre de mouches qui naissaient dans les haies d'Oxcroft.

Il est sans doute inutile d'observer qu'il doit y avoir une cabane ou écurie assez vaste dans chaque enclos, avec de grandes portes à deux battants, ou du moins deux fois aussi larges que des portes ordinaires, ayant des cylindres ou bourrelets aux jambages pour empêcher que les poulains ne se blessent les hanches en s'y jetant avec violence, ce qu'ils sont assez disposés à faire. Il est encore bien que les verrous soient en bois et non pas en fer, parce que ces derniers se rouillent toujours. D'ailleurs les verrous des portes intérieures des écuries devraient toujours être en bois.

Toutes les portes des enclos doivent être protégées par un grillage, disposé de façon à s'ouvrir aussi facilement que la porte même, et placé à six pieds environ d'elle. Il y a pour cela différents motifs. En premier lieu il empêche les chevaux de ronger la porte, puis il prévient les tentatives qu'ils pourraient faire pour en sortir avec trop de précipitation quand on l'ouvre; il présente une double sûreté, dans le cas où la porte aurait été laissée mal fermée, et enfin il permet d'examiner un cheval dont il ne serait pas très-sûr d'approcher, puisque l'on peut se tenir dans l'espace qui est entre la porte et le grillage. Il va sans dire qu'il faut qu'il y ait des auges pour contenir l'eau, à moins que l'enclos ne soit traversé par un ruisseau, ce qui est fort à désirer, pourvu que l'eau ne soit pas dure, comme il arrive quand le lit est de gravier aigu. De la chaux placée dans les auges, contribue beaucoup à adoucir la qualité de l'eau.

Ayant dit que des murs sont la meilleure clôture pour des enclos, j'ajouterai qu'il y a une précaution à laquelle on peut avoir recours avec avantage, quand il s'agit de poulains fortement engagés ou qui donnent de très-belles espérances : c'est d'élever à la hauteur d'environ trois pieds, mais dans une direction oblique, une petite digue ou un tertre contre le pied du mur, ce qui préviendra efficacement les accidents qui résulteraient des coups que les poulains pourraient se donner contre le mur en jouant.

Il ne faut jamais faucher les enclos. Si l'herbe devient trop épaisse, il faut la faire manger à ras de terre par des brebis dont la dent adoucit l'herbage et le rend plus nourrissant, tandis que la faux a un effet tout contraire.

Des enclos provisoires peuvent être faits de la manière suivante. Entourez un espace de terrain de claies, garnies en dedans de fagots placés tout droit contre les claies à la hauteur de sept à huit pieds. Le lieu où l'on fait ces enclos pouvant être changé à volonté, ils sont utiles pour donner à un étalon un peu d'herbe printanière pendant quelques heures de la journée, ou bien pour y placer des poulains séparés de leurs mères, comme préparatif au sevrage.

Conduite à tenir envers les juments dans les enclos.

La conduite à tenir envers les juments et les poulains dans les enclos est un point duquel, dans tout pays, dépend principalement le succès d'un haras où l'on élève des chevaux pour la course.

Je commence par les juments. Me trouvant l'année dernière aux courses de Saint-Omer, le prince de la Moskowa me demanda combien il fallait donner d'avoine à une jument poulinière. Ma réponse fut qu'il était impossible de poser aucune règle fixe à l'égard de la nourriture à donner aux juments poulinières, la nature de leur constitution ou leur plus ou moins de disposition à prendre de la chair faisant sous ce rapport une grande différence. Je regarde l'état des juments poulinières comme un point d'une haute importance pour la valeur du produit, et il faut garder, en ce qui les concerne, un juste milieu bien sage. Si une jument est mal nourrie et s'appauvrit pendant la période de la gestation, on ne peut espérer qu'elle mettra bas un beau poulain, et elle n'aura pas non plus cette abondance de bon lait que sa progéniture exigera pour profiter. Mais il ne faut pas non plus qu'elle reçoive trop à manger, parce qu'alors son poulain sera petit, attendu qu'une accumulation de graisse intérieure resserrera l'espace nécessaire au fœtus pour prendre tout son développement; son lait ne sera pas non plus aussi abondant que si elle avait été nourrie avec plus de modération. Les juments que j'ai vues le printemps dernier dans le haras du gouvernement, au bois de Boulogne, m'ont paru être trop fortes en chair, et, en conséquence, quelques-uns de leurs poulains étaient trop petits.

En prenant les juments, l'une portant l'autre, je suis d'avis que deux rations ou un demi-picotin d'Angleterre d'avoine par jour [1], avec de bonne herbe ou du foin, suffisent pour des juments poulinières pendant le temps de la gestation; mais après qu'elles ont mis bas, il faut donner plus d'attention à leur nourriture et leur en accorder en proportion de leurs besoins. Comme il n'y a point de froment vert dans la saison où elles doivent pouliner, si elles n'ont pas assez de lait, ou si elles sont, comme on dit, de mauvaises nourrices, on peut leur donner des carottes, ou du son délayé dans de l'eau, ou de la graine de lin bouillie jusqu'à la consistance d'une gelée et mêlée au son. D'un autre côté, il y a certaines juments qui, ayant été bien nourries avant de pouliner, se trouvent mieux de ne pas manger de blé du tout pendant le premier mois, et de ne recevoir qu'une forte ration de son délayé dans de l'eau, avec

[1] Environ huit ou neuf livres pesant d'Angleterre.

de bon foin deux fois par jour. Il faut les laisser courir en liberté dans leurs enclos, jusqu'à la dernière quinzaine de leur gestation, avec l'abri de la cabane pour y rentrer quand elles veulent. Plus tard il faut les renfermer la nuit pour prévenir les accidents qui pourraient arriver à leurs poulains. Quant à l'époque où l'on peut commencer à les laisser courir dans leurs enclos après avoir mis bas, cela dépend des circonstances, dont la principale est l'état de l'atmosphère. A mesure que le terme de la gestation approche, on peut ajouter à la ration journalière d'un picotin d'avoine, quelques carottes hachées, ainsi qu'un peu de paille et de foin hachés; la propriété des carottes étant de rendre le lait plus abondant et de faciliter doucement les sécrétions.

La difficulté de l'accouchement et le danger qui l'accompagne varie depuis le système le plus simple jusqu'au plus compliqué, depuis les animaux jusqu'à l'espèce humaine; mais la plus grande différence se trouve surtout entre la vie sauvage et la vie civilisée.

Quand les juments sont dans l'état de *nature,* il est fort rare que le seul acte de mettre bas leurs petits ait pour elles aucun inconvénient; mais quand elles se trouvent dans un état *contre nature,* comme le sont ordinairement celles dont je parle, il faut les traiter avec quelques précautions, attendu qu'elles ont parfois un peu de fièvre (7). Elles sont toujours plus disposées à l'avortement, contre lequel il faut prendre toutes les mesures possibles, puisque la perte du fruit d'une jument de bonne race est toujours fort sensible. Voici les précautions que recommandent plusieurs des premiers producteurs.

Il est bon de donner un peu plus d'avoine vers le milieu de la gestation et de ne pas exposer les juments qui portent à plus d'excitation qu'il n'est absolument nécessaire; ainsi on ne les laissera pas paître à côté d'un cheval hongre ni le sentir à une grille; on éloignera de leur voisinage toute mauvaise odeur, et on ne les exposera pas à une forte averse de grêle ou de pluie. Il est aussi de la plus grande importance de les traiter avec douceur, car une circonstance qui n'est pas généralement connue, c'est qu'un léger coup de bâton sur le nez suffit souvent pour causer l'avortement.

Il est fort à désirer qu'on ait un peu de luzerne dans l'enclos des juments poulinières, car non-seulement cet herbage précoce contribue à l'abondance du lait, mais encore le changement qu'il occasionne dans la nature même du lait est regardé comme favorable. Dans ce but Il faut le donner par intervalles. J'entends par là qu'il ne faut pas nourrir les juments exclusivement de luzerne, mais leur en donner de temps en temps avec l'herbe ou le foin.

Des carottes sont une excellente nourriture, tant pour les juments que pour leurs poulains; mais il faut leur en donner avec précaution. Trop de carottes causent du relâchement dans les solides, et l'on en a vu produire un état de complète putréfaction.

Les juments poulinières sont souvent en chaleur cinq jours après avoir mis bas; mais le neuvième jour est celui où il est le plus convenable de les essayer, et en général on les trouvera alors disposées à se laisser couvrir. Quand elles l'ont été, on fait pourtant bien de les essayer encore deux ou trois fois, en laissant neuf jours d'intervalle entre chaque fois.

Les mois de février et de mars sont les plus

favorables pour faire couvrir les juments de course, et il y a de fort bonnes raisons pour cela. En premier lieu, si on les fait couvrir plus tôt, elles mettent bas au mois de décembre suivant, et perdent ainsi une année; secondement, il est très-important qu'un poulain de course naisse au commencement de l'année, puisque tout le temps qui s'écoule jusqu'au 1er mai, époque à laquelle on compte l'âge de tous les chevaux, est autant de gagné pour lui sur ceux qui sont nés plus tard dans l'année (8).

Des juments de pur sang sont quelquefois de mauvaises nourrices, les unes par constitution, parce qu'elles ont peu de lait, les autres par excitation nerveuse ou par mauvais caractère. Il leur arrive parfois d'avoir peur de leurs poulains et de les détruire, ce qui m'arriva avec une de mes juments (*Victorine*, fille de *Haphazard* et de *Phantasmagoria*), qui tua son premier poulain. Si une jument meurt en couche, on peut élever son poulain à la main : ce qui arriva jadis au célèbre cheval *Milksop* ainsi qu'à *Canopus*, de lord Egremont. J'avais un poulain de charrette, qui avait été en partie élevé de cette manière : il devint un excellent cheval. Il fut nourri de lait nouveau qu'on lui donnait par le gouleau d'une théière.

Il est assez rare qu'une jument consente à nourrir le poulain d'une autre; mais il en existe un exemple connu. La célèbre jument *Xantippe,* appartenant au feu lord Grosvenor, qui était fille d'*Eclipse* et mère de *John Bull*, de *Xenia* et d'autres, mourut en accouchant d'un poulain qu'elle avait eu de *Buzzard* en 1796. Le poulain fut confié à *Nimble,* fille de *Florizel* et de *Rantipole,* et profita. En 1792, *Nimble* avait eu des jumeaux, et c'est peut-être à cette circonstance qu'il faut attribuer l'excès de sa tendresse nourricière.

Il est fort rare que des juments aient été dressées pour la course après avoir pouliné, et bien plus rare encore qu'elles aient couru avec succès. Il n'y a peut-être qu'un seul exemple d'une jument dans cette position qui ait obtenu de vrais succès, et il y a fort longtemps de cela. Une jument appelée *Brocklesby Betty* était regardée comme supérieure à tout autre cheval ou jument de son temps, quoiqu'elle eût été jument poulinière avant d'avoir été dressée pour la course.

Je ne conseillerais pas de présenter des juments à des étalons dont la puissance ne soit pas bien avérée, tels qu'étaient deux fameux chevaux, *Castrell* et *Rubens*. En 1820 j'allai à Eaton-Hall, près de Chester, château du marquis de Westminster, pour voir *Rubens* couvrir une de mes juments (*Mervinia*, fille de *Walton* et de la mère de *Victorine*). Il ne voulut pas la regarder, jusqu'à ce qu'on amenât un bidet gris; alors il la couvrit vigoureusement, et elle conçut une pouliche qui mourut à l'âge d'un an [1]. *Rubens* devint après cela la propriété du feu lord Amesbury (mieux connu parmi les amateurs de chevaux sous le nom de M. Dundas), et fut principalement nourri d'un mélange d'avoine concassée et de son *détrempé dans du lait nouveau*, ce qui augmenta considérablement sa vigueur.

Les étalons qui couvrent sont tenus autrement maintenant qu'ils ne l'étaient il y a vingt ans. L'expérience a démontré qu'ils se trouvaient mieux de travailler de temps en temps modérément et d'avoir parfois une légère suée. Lord Lowther, grand producteur de chevaux, a été

[1] *Rubens* avait été à cette époque loué par le marquis de Westminster. *Mervinia* avait été une bonne jument de course, et je la vendis pleine à M. Mytton pour 150 livres st.

jusqu'à faire travailler ses juments poulinières, et entre autres la mère de *Glaucus*, en les attelant à la charrue, à sa ferme de Newmarket, et cela même quand elles étaient pleines, excepté vers la fin, et il était convaincu qu'elles s'en trouvaient bien. Il n'y a pas de doute que l'exercice ne soit avantageux à tous les animaux, et plus la santé des parents est bonne, plus le sera celle de leur progéniture.

De la conduite à tenir envers les Poulains.

J'ai déjà recommandé de donner une once de sel d'Epsom dans une demi-pinte d'eau de gruau au poulain qui vient de naître. Cela débarrasse les intestins de certaine matière visqueuse qui s'y loge, et ils sont même exposés à avoir un cours de ventre quand ils commencent à prendre leur pleine ration de lait. C'est un point important de leur faire manger de l'avoine le plus tôt possible. En effet, on peut dire maintenant qu'un cheval commence à être dressé du jour où il sort du ventre de sa mère. Mais à cet égard, je vais citer les paroles d'un célèbre producteur de chevaux de course anglais, et entre autres d'un des meilleurs chevaux de notre temps. Ce passage est extrait d'une lettre qu'il m'écrivit la semaine passée, et je le regarde comme une autorité préférable à beaucoup d'autres, parce qu'il est doué d'un excellent jugement, que c'est un amateur du premier ordre, et qu'il donne la plus grande attention à toutes les différentes parties de son haras:

«Pour ce qui regarde la quantité d'avoine qu'il faut donner aux poulains, il m'est impossible de fixer une règle générale; quant aux miens, je leur donne d'ordinaire de l'avoine, de la paille hachée et des carottes deux fois par jour, c'est-à-dire le matin et le soir, formant ensemble environ un picotin par jour pour chaque poulain. Je les accoutume à manger avec les juments le plus tôt possible, et j'en ai connu qui ont mangé dès la seconde semaine, et *ç'a toujours été ceux qui ont le mieux profité*. Le principal but des carottes est de modifier la nature échauffante de l'avoine, qui les porterait à se frotter la queue, indice certain qu'ils ont le système échauffé par l'avoine. A tout prendre, j'engage les producteurs de chevaux à bien nourrir leurs poulains, mais à ne pas les *bourrer*. Il faut surtout donner la plus grande attention possible à la propreté; leurs cabanes doivent être nettoyées deux fois par jour, et quelque peu important, quelque ridicule même que cela puisse paraître, je conseille de leur peigner deux fois par jour la queue et la crinière. Cette habitude assure l'attention du groom, dont l'importance va sans dire, et contribue à les tenir tranquilles. Des heures réglées sont encore indispensables, et s'il restait par hasard dans le râtelier quelque portion de la dernière ration, il faudrait la retirer avant d'y en remettre une autre. »

Je recommande fortement de tenir les poulains secs et chauds, et de ne les laisser exposés à de fortes pluies en aucune saison de l'année. Je ne voudrais pas non plus qu'on les fît sortir de leur cabane le matin, tant qu'il y a encore de la rosée sur l'herbe de l'enclos. Il ne faut jamais oublier que le cheval est originaire d'un climat chaud et sec, et que c'est là seulement qu'il arrive, *dans son état naturel,* à un certain degré de perfection.

A l'âge de quinze jours, il faut mettre aux poulains des colliers de tête, attachés avec des courroies de deux pieds de long, par lesquelles on puisse les retenir quand cela est nécessaire, ce qui facilite plus tard beaucoup le travail de la personne chargée de les dresser pour la selle. Il est bon de râper de temps en temps leurs sabots au bout du pied pour les raccourcir: cette opération élargit les talons et donne de bons pieds, point important pour un animal qui doit exécuter la plus grande partie de ses pénibles travaux sur un terrain sec.

Les remarques suivantes ont été rédigées par un grand producteur de chevaux de course.

« L'époque de l'accouchement est d'une grande importance pour les propriétaires de juments poulinières de prix, surtout quand leur progéniture est *engagée,* peut-être fortement, ou bien si elles sont de ce que l'on appelle une famille courante (*running family*). L'attention du palfrenier chargé du haras est attirée par plusieurs avertissements préalables, dont le plus frappant est l'apparition du lait dans les mamelles, ce qui d'ordinaire précède de deux ou trois jours l'accouchement, mais arrive parfois quelques jours plus tôt. La jument étant sur ses jambes quand elle met bas, il n'est pas à craindre qu'elle étouffe son petit en se roulant sur lui; mais on fait toujours bien de la déranger le moins possible, de peur qu'elle ne le foule aux pieds. La manière de se conduire à l'égard d'une jument, après son accouchement, est maintenant si connue qu'il est inutile de s'étendre sur ce sujet; je remarquerai seulement qu'un peu de son détrempé dans de l'eau bouillante, où l'on a fait dissoudre au moins trois onces de sel de nitre, est fort utile pour prévenir la fièvre : il faut le lui donner aussitôt qu'elle a mis bas. Le meilleur moyen d'empêcher les accidents qui peuvent arriver aux poulains consiste à adapter des rouleaux aux jambages des portes de leurs écuries, pour qu'ils ne se blessent point lorsqu'ils en sortent précipitamment à la suite de leur mère, surtout en cas d'alarme. Bien des personnes ont coutume de donner à leurs poulains deux onces de graine de lin le jour de leur naissance, afin de prévenir la diarrhée ou la colique, qui causent parfois leur mort. »

De l'éducation des Poulains.

Ce point étant, selon moi, d'une haute importance pour les personnes qui commencent à s'occuper du *turf*, je vais extraire le passage suivant de l'article que j'ai inséré dans la dernière édition de l'*Encyclopædia Britannica*.

« Il y a, sous tous les rapports, une grande ressemblance entre les spéculations qui ont pour objet le *turf* et celles de la loterie ; et, comme d'un autre côté, les prix qu'elles promettent sont brillants, il ne faut négliger aucun moyen de les obtenir. Tous les soins, toute la circonspection que l'on pourra mettre dans le choix des étalons et des juments auxquels on veut faire produire des chevaux de course seront superflus, les succès que l'on pourra se promettre seront insignifiants, à moins que l'éducation des poulains n'ait lieu conformément au système perfectionné, adopté dans les principaux établissements de course. Vainement avait-on reconnu jusqu'à l'évidence que les climats secs et chauds étaient les premiers où le cheval se fût montré dans un état voisin de la perfection, l'opinion généralement établie, jointe à d'anciens préjugés, ont été cause que ce n'est que depuis peu d'années que les jeunes poulains de pur sang sont élevés d'une manière convenable. Ainsi que je l'ai déjà dit, un poulain de pur sang peut aujourd'hui être considéré comme en état d'entraînement (*in training*) depuis le moment où il vient au monde, tant on se donne de soins pour lui procurer la forme et le degré de chair nécessaires. Non-seulement il tire de sa mère le lait d'un animal bien nourri, lait qui est par lui-même très-nourrissant, mais encore, avant d'avoir atteint l'âge d'un an, on lui fait déjà manger près de deux boisseaux d'avoine par semaine. La jeunesse est le vrai temps pour que le corps prenne de l'ampleur; aussi, à toutes les courses de Newmarket, on voit des poulains de deux ans chargés d'un poids de 116 livres, et offrant toute l'apparence de chevaux en état de porter un homme léger à la suite des chiens. Tel est le résultat de l'éducation moderne, et c'est, en conséquence, avec raison que l'entraîneur le plus expérimenté de Newmarket répondait à une personne qui lui demandait quelle était la meilleure manière d'élever un poulain de course : « En premier lieu, faites at« tention que le sang ou que la parenté soit « bonne; puis élevez-le comme vous feriez un « agneau né d'une brebis dont le corps a de l'am« pleur; enfin donnez-lui le moins de verdure « possible, et autant de blé qu'il en voudra man« ger. » L'entraîneur dont nous parlons est aujourd'hui retiré des affaires; mais tous les jeunes chevaux du duc de Grafton et ceux de plusieurs des principaux et des plus heureux amateurs de l'Angleterre lui ont passé par les mains. Les frais de son établissement se montaient à plus de 10,000 livres st. par an. »

« Il est hors de doute que des aliments secs et durs formaient la nourriture de la souche primitive à laquelle nos chevaux de course doivent leur origine, et que c'est à cela autant qu'à la chaleur et à la sécheresse du climat qu'il faut attribuer la fermeté de leurs membres agissants. Faut-il s'étonner, d'après cela, que les éleveurs de chevaux de toute espèce, et non pas seulement de chevaux de course, aient fini par découvrir que les aliments secs et la chaleur ont le même effet dans la zone tempérée qu'ils ont eu et ont encore dans la zone torride? que lorsque des poulains sont nourris d'aliments riches et succulents, et vivent dans une atmosphère humide, la masse générale du corps augmente hors de toute proportion avec la force des os, et que c'est à ces causes prédisposantes qu'il faut attribuer la plupart des défauts que l'on remarque dans les chevaux, tels que des épaules charnues, du déficit dans les muscles, des paturons faibles et des pieds plats? Il y a près de deux mille ans que Virgile avait fait la même remarque. En citant l'Épire comme un pays éminemment favorable à la production des chevaux, il dit :

> Continuò has leges æternaque fœdera *certis*
> Imposuit natura *locis*. . . . .
>
> (Georg., lib. i.)

« Aujourd'hui nos principaux éleveurs de chevaux de course et ceux qui réussissent le mieux, prennent tant de soin d'éviter ces inconvénients, que non-seulement il n'y a rien de plus rare que de voir un poulain de pur sang mangeant de l'herbe à discrétion, mais encore qu'on ne l'expose jamais à une pluie continuelle un peu forte, ni même à une grosse averse, fût-ce au cœur de l'été. On a reconnu que la pluie, en tombant sur le dos du cheval, peut lui occasionner les maladies les plus graves, telles, par exemple, que la morve, circonstance connue de tous les officiers de cavalerie qui ont fait des campagnes ; aussi doit-elle être dangereuse pour le poulain de haute race. Il est sans doute superflu de recommander qu'il soit abrité contre le froid de l'hiver, et pourtant nous avons lieu de croire que dans la plupart des haras, il y est plus exposé qu'il ne devrait l'être.

« Il n'y a aucun inconvénient à accorder une

ration modérée de carottes et un peu de verdure, mais comme l'ancien proverbe qui dit : αλλος βιος, αλλα διαιτα (*autre vie*, *autre régime*), il serait absurde de parler de la nourriture *naturelle* d'un animal de la part duquel on exige des efforts contraires à toutes les lois de la nature, au point de le faire travailler dès l'âge de quatorze mois, et se présenter dans la carrière à deux ans, avec l'apparence extérieure, le caractère et la force d'un cheval parvenu presque au terme de sa croissance.

« Le terrain sur lequel on place un haras de chevaux de course est un point auquel souvent on ne fait pas assez d'attention. C'est en vain que l'on espère réussir quand ce terrain n'est pas sec et quand le fond n'en est pas ferme. Les terres hautes sont les plus favorables. Les murs, indépendamment de la sûreté, sont préférables aux haies pour enclore les parcs, car ces dernières servent de retraites à des mouches qui font beaucoup de mal aux jeunes animaux et même à leurs mères quand le temps est chaud; d'ailleurs le peu d'étendue des parcs que l'on fait aujourd'hui, dont la plupart ne dépassent pas un quart d'arpent et restent même souvent en deçà, ne permet pas de songer à y planter des haies.

« Les poulains que l'on destine aux courses sont purgés à des époques régulières; on leur coupe aussi la corne du sabot avec un couteau, afin que, par le raccourcissement du bout du pied, le talon puisse s'étendre en liberté. La purgation fait en ce cas l'effet d'une soupape de sûreté, car le système que l'on adopte de forcer la nature ne saurait être exempt de danger. On trouve toutefois qu'il contribue considérablement à la croissance, qui se développe en outre par le travail que l'on fait faire à un âge si tendre par les poulains de course. L'exercice des muscles produit la force musculaire et la croissance en doit être le résultat. Nous avons vu un poulain qui avait atteint une taille de quinze paumes, le premier anniversaire du jour de son sevrage.

« Les élèves pour la course ne sauraient être assujettis trop tôt au maniement. C'est ce que Virgile enseigne pour les taureaux :

Dum faciles animi juvenum, dum mobilis ætas.

Et Horace voulant prouver la nécessité d'instruire de bonne heure les enfants, les compare aux chevaux que l'on a pris soin de dresser dès leur jeunesse. Ovide parle aussi de la première éducation des poulains, et, de même qu'Horace, il recommande de les bien soigner, comme on le voit par ce beau vers :

> Fræmaque vix patitur de grege captus equus.

« Il faut convenir pourtant que la manière de dompter les poulains est non-seulement parfaite dans nos établissements de course, mais encore qu'elle est beaucoup moins sévère qu'autrefois, et par conséquent accompagnée de beaucoup moins de péril pour l'animal. » (*Encyclopædia Britannica*, 7me édit., article CHEVAL.)

Les éleveurs de chevaux de course commettent souvent une erreur fatale dans le jugement qu'ils portent de l'état où doit se trouver un poulain de course à l'époque où commence son entraînement ; en d'autres mots ils sont portés à confondre la chair et la condition. Si un poulain est gras, quand on commence à l'entraîner, on le voit se fondre comme la neige au soleil. Mais, quand je me sers du mot *gras*, il ne faut pas s'imaginer que j'entende par là simplement l'opposé de maigre, que je veuille qu'un poulain remis dans les mains de l'entraîneur soit chétif, ou que je sois fâché qu'un poulain, en quittant son enclos, ait l'air rond et bien portant. Loin de là ; je parle seulement de la *graisse intérieure* qu'il acquerra infailliblement s'il n'a pas été régulièrement purgé dans sa jeunesse, époque où cette précaution lui est aussi nécessaire que quand il commence à travailler. C'est pour cela que je préfère de voir tous les jeunes chevaux de course mis dans l'écurie et domptés à l'âge de seize ou vingt mois, et assujettis dès lors à la même discipline dans l'intérieur de l'écurie que les vieux chevaux. C'est ainsi que l'on peut veiller sur leur condition et les régler; et comme nous savons que la force des muscles s'accroît par l'exercice, on ne saurait les accoutumer de trop bonne heure à un travail modéré. Ce travail donne de la vigueur à leur charpente tout entière, il renforce leurs muscles, il tient leurs entrailles libres de constipation, les fait croître et contribue à leur donner de belles formes [1].

[1] Ce n'est pas dans la première année, mais dans la seconde que les poulains font de la graisse intérieure.

Les avis sont partagés sur le point de savoir s'il vaut mieux laisser les poulains qui commencent à travailler, libres dans leur loge ou les tenir attachés dans des stalles. Quant à moi, je suis décidément d'opinion qu'il est préférable de les tenir séparés et attachés, jusqu'à ce qu'ils commencent à se livrer à un travail rude. Les poulains qu'on laisse libres dans l'écurie, sont disposés à prendre des habitudes vicieuses, comme de mordre leur auge, de tiquer, etc., et souvent ils deviennent intraitables par cette seule cause. Pour les chevaux qui font un travail rude, des loges où ils soient libres (*loose boxes*) sont inappréciables, au point qu'un célèbre médecin vétérinaire anglais a soutenu que si l'usage en était généralement adopté, ses confrères les plus distingués n'auraient qu'à renoncer à leur profession.

Ces loges libres doivent être tenues avec une extrême propreté, sans quoi les pieds des chevaux pourraient s'endommager à force de marcher dans leur propre fumier. Cela tend à amollir la fourchette et à détériorer le sabot. Je suis d'avis que ces loges soient en général sous le même toit, excepté celles où l'on garde les étalons; il ne faut pas non plus les fermer complétement au haut de leurs côtés respectifs, de cette façon elles jouiront d'une température égale à toutes les heures de la journée et seront toujours en état de recevoir un poulain ou un cheval après une courte absence, ce qui n'a pas lieu à l'égard de celles qui sont isolées. Toutefois il faut qu'il y ait toujours un certain nombre de stalles détachées où l'on puisse renfermer les chevaux après qu'ils ont sué.

Les seules objections que l'on puisse faire contre ce que nous appelons *loose boxes* sont les suivantes : si les chevaux y sont *toujours* tenus quand ils sont à la maison, ils ne voudront pas toujours se coucher dans une stalle quand ils sont hors de chez eux, et il arrive souvent que dans des auberges ou aux courses de province on ne peut pas les loger comme ils sont accoutumés à l'être. D'ailleurs dans les loges libres il arrive souvent que les chevaux se roulent sur le dos, et il y a plus d'un exemple d'animaux qui se sont tués ainsi. Dans ce cas, de légères entraves, qui attachent ensemble les deux membres de devant, suffisent généralement pour prévenir cet accident. Dans une stalle cela ne peut pas arriver, car ils sont retenus par le licol qui est attaché au râtelier.

Je n'ai pas beaucoup à dire sur les écuries à stalles. Les dalles de pierre derrière les chevaux doivent être dépolies avec le ciseau. Le pavé de l'enceinte doit être à peu près uni, sauf une très-légère inclinaison vers le centre, où se trouvera un trou, recouvert d'une grille, par lequel l'urine s'écoulera dans un égout. Les stalles ne doivent pas avoir plus de six pieds de large; si elles en ont davantage, les chevaux y sont inquiets et essayent de se retourner. Il faut qu'il y ait un espace d'au moins douze pieds derrière les chevaux; les murs et les portes extérieurs doivent être fort épais, et la hauteur de l'intérieur du bâtiment ne doit pas dépasser douze pieds, pour qu'il ne soit pas trop difficile de le tenir chaud dans les grands froids. Les écuries, de même que les enclos, doivent être exposés au midi ou tout au moins au sud-ouest un quart sud; les jours doivent être placés à une hauteur considérable dans le mur, afin que, quand on les ouvre, l'air puisse circuler librement dans toute l'écurie sans affecter un cheval plus que l'autre, ce qui arriverait avec des fenêtres basses. Si les places libres (*loose boxes*) sont sous le même toit, elles doivent avoir neuf à dix pieds de haut avec des verrous de bois aux portes, et chaque place ne doit pas avoir plus de vingt pieds de long sur douze de large, en dedans des murs.

Il faut qu'il y ait entre chaque stalle une seule barre (*bail*) qui ferme bien et qui s'étende depuis le poteau de la stalle jusqu'au mur, parce que si les chevaux se détachaient il arriverait infailliblement sans cela des accidents. Deux barres offriraient des dangers d'une autre espèce, car un cheval en jouant ou en se vautrant pourrait y embarrasser ses jambes.

Après la propreté, la température est le point le plus important auquel il faille s'attacher pour l'intérieur d'une écurie. Étant à Newmarket je passai un jour de l'écurie du marquis d'Exeter à celle de lord Lowther, et je fus frappé de la différence de chaleur entre l'une et l'autre; l'écurie de lord Lowther était de plusieurs degrés plus froide que celle du marquis. Il semblerait d'après cela que les opinions diffèrent sur ce point; mais je puis certifier que les chevaux qui se trouvaient dans l'écurie la plus chaude avaient bien meilleure apparence que les autres, et les succès du marquis sont bien connus. Le degré de chaleur que je me suis toujours efforcé de maintenir dans mes propres écuries a été en hiver de 62 à 63 degrés de Fahrenheit (13 et demi à 14 degrés de Réaumur) et dans les grandes chaleurs de l'été, autant qu'il m'a été possible, au-dessous de ce degré. La sécheresse est un point essentiel dans une écurie. Les chevaux ne profitent jamais dans une écurie humide, et si l'on aperçoit des symptômes d'humidité, on ne doit pas manquer de dessécher le terrain qui entoure l'écurie, en faisant des coupures jusqu'à une profondeur considérable.

La manière de traiter les chevaux de course à l'écurie, attachés ou libres, *lorsqu'ils ne travaillent point,* a éprouvé une grande amélioration depuis ma jeunesse, surtout sous le rapport de la propreté. Il n'y a personne qui ne sache que les exhalaisons qui s'élèvent des excrétions animales en général, répandent une odeur extrêmement désagréable, et que l'urine des chevaux en particulier, étant très-fortement imprégnée d'ammoniaque, attaque les yeux et communique à l'air des propriétés malfaisantes. En conséquence on ne laisse plus, comme autrefois, amasser dans l'écurie de la paille sale; et par suite, le risque d'inflammations, d'ophthalmies et de maladies des poumons est considérablement diminué. L'odorat fait connaître tout de suite si l'écurie est malpropre, et tout propriétaire de haras doit recommander, pardessus tout, à son *groom*, l'attention la plus scrupuleuse à cet égard.

On peut constater encore une autre amélioration dans la manière de traiter les chevaux de course. Autrefois, quand la saison des courses était terminée, on les ramenait à la maison, on leur administrait une médecine, puis, après les avoir dépouillés de leur couverture, on les mettait dans une écurie libre, où on les tenait souvent jusqu'au mois de mars, après quoi ils recommençaient à travailler. Aujourd'hui, à moins qu'ils n'aient éprouvé quelque accident pendant les courses de l'été, on continue à les faire travailler *modérément* pendant l'hiver, et ils n'en sont que mieux disposés l'année suivante. Par un travail modéré j'entends une promenade journalière, toutes les fois que le temps le permet et parfois aussi une course un peu longue au galop. Cette méthode prévient une accumulation de chair qu'il faudrait leur faire perdre ensuite au grand détriment de leurs jambes, et qui leur enlèverait la force nécessaire aux chevaux de course, par l'effet d'un long repos.

Des accidents arrivent quelquefois aux poulains et aux jeunes chevaux, et comme en tous les pays où l'usage des courses ne fait que commencer, tels, par exemple, que la France et la Belgique, la perte d'un cheval ou d'une jument de bonne race est un vrai malheur, je crois qu'il peut être utile de rappeler que, même quand il s'agit d'une fracture, simple à la vérité, la destruction de l'animal n'est pas indispensable. Des fractures peuvent être réduites et le poulain peut recouvrer une santé assez parfaite pour remplir toutes les fonctions nécessaires du haras, quoique je ne puisse en citer qu'un seul qui, après avoir subi cette opération, ait couru et remporté un prix[1]. Mais, dans tout accident grave de ce genre, il est nécessaire de suspendre

[1] C'était *Brokenlegg'd Taffy*, appartenant à sir Watkin Williams Wynn.

le poulain pour empêcher que le poids de son corps ne porte sur le membre blessé, et voici la méthode recommandée par M. Percival, auteur de l'*Anatomie du cheval*, du *Cours de médecine vétérinaire*, et l'un des rédacteurs du journal qui se publie à Londres sous le titre du *Médecin vétérinaire*.

« La manière la plus simple de suspendre un cheval, celle qui le fatigue le moins et qui lui procure toutes les occasions de se reposer dont sa situation est susceptible, est d'attacher des cordes et des poulies par le haut à une poutre transversale, et par le bas à une très-large pièce de toile à voile que l'on passe sous le ventre de l'animal. Cette toile doit être garnie de deux reculoirs et de deux sangles de poitrail, toutes larges et bien piquées, afin d'empêcher qu'elle ne glisse en avant ou en arrière. Les cordes et les poulies, formant un appareil semblable à celui dont les matelots se servent à bord des vaisseaux pour soulever des poids, permettent d'élever ou d'abaisser l'animal à son gré. Quand c'est pour une blessure qu'on le traite, il vaut mieux ne pas lui faire perdre pied entièrement. J'ai presque toujours trouvé mes patients plus tranquilles et plus à leur aise quand leurs pieds reposaient à terre. En même temps la tête doit être retenue par deux courroies ou cordes d'une force considérable, et le râtelier lui-même doit être bien matelassé. Les chevaux qui se trouvent dans une situation si étrange pour eux, ruent et se défendent souvent beaucoup dans les commencements; mais ils ne tardent pas à s'accoutumer à leurs appareils, et ils demeurent après cela parfaitement tranquilles. »

On trouve dans le dernier ouvrage de M. Percival (*Hippopathologie*, tome I) une figure représentant un cheval suspendu de cette façon pour une blessure à l'articulation du genou; l'auteur y a joint la remarque suivante : « Cette figure fera comprendre comment cet appareil de suspension doit être disposé et appliqué; elle suffira pour mettre tout le monde en état d'en arranger un semblable. Les bragues et les sangles de poitrail attachées aux anneaux qui garnissent les côtés de la toile ou ventrière, contribuent beaucoup à la commodité ainsi qu'à la sûreté de l'animal; la courroie piquée qui passe sur le derrière du cou sert à empêcher que les sangles ne glissent. » (*Voy*. la planche.)

La force reproductrice dont jouit le système du cheval est un encouragement de plus aux efforts que l'on pourra tenter pour sauver la vie d'un animal précieux qui se sera cassé un membre. Le cal chez le cheval se forme ordinairement en vingt ou trente jours, tandis que chez l'homme il en exige quarante ou cinquante. Les fractures les plus faciles à guérir sont celles des côtes, du bassin, du crâne et du pied. Quand la fracture de l'os du canon est simple, elle se guérit aussi pourvu que l'on puisse maintenir l'animal en repos, en se servant de l'appareil indiqué ci-dessus.

De la manière de dompter les Poulains.

La manière de dompter un poulain pour la course est un point de grande importance, parce que la docilité ajoute une grande efficacité aux efforts qu'un cheval fait en courant. En outre, il est fort avantageux qu'il sache bien prendre son élan, ce que les chevaux d'un mauvais caractère ou qui ont été mal domptés, font beaucoup moins bien que ceux qui sont modérés

voitures, aux charrettes et aux divers objets en mouvement au milieu desquels ils sont destinés à se trouver. Du reste, il ne serait pas prudent de les tenir trop longtemps de suite dans le harnais, parce que cela détériore leur condition, qui ne doit jamais reculer. Trois heures par jour, en deux fois, est un espace de temps convenable, et attendu qu'il leur arrive souvent de s'échauffer sous le harnais, il en faut prendre grand soin pour qu'ils ne gagnent pas de froid en rentrant à la maison.

Mais j'ai encore quelque chose à dire sur la manière de former la bouche des poulains de course. Il faut leur mettre chaque jour, pendant quelques heures, le bridon, en ayant soin en même temps de leur attacher la tête à la rêne du pilier, et de les accoutumer à la selle, ou ce qui vaut mieux au mannequin. Le dompteur de poulains doit s'assurer par sa propre expérience que la bouche de l'animal est ce que l'on appelle *égale*, c'est-à-dire que l'un des côtés n'est pas plus sensible que l'autre à la pression du mors; car, en ce cas, il serait toujours difficile à conduire parmi un grand nombre de chevaux et quand on le fait courir dans une carrière tournante.

Aussitôt que l'on est parvenu à faire tenir la tête droite aux poulains et à la leur placer ; aussitôt que leur bouche est sensible de chaque côté au bridon, on peut se servir d'un grand mors ordinaire, et on peut les faire sortir et marcher en ligne avec d'autres chevaux, en les tenant à la distance de deux ou trois longueurs de cheval les uns des autres. Les garçons qui les montent, après que le dompteur a fini sa tâche, doivent leur faire tenir la tête droite et dans une bonne position, tirant les rênes légèrement et évitant surtout de les presser ou de les inquiéter quand ils commencent à galoper, ce qui est un point d'une grande importance, et que l'on peut regarder comme le commencement de leur existence en qualité de chevaux de course.

En Angleterre, où des poulains de deux ans ont tant d'occasions de remporter des prix, leurs propriétaires sont impatients de les mettre à l'épreuve le plus tôt possible. On pense, d'après cela, que lorsqu'ils ont été bien domptés, et lorsqu'on leur a laissé ensuite tout le temps nécessaire pour apprendre les diverses allures, ils sont en état de donner ce que l'on appelle un *avant-goût* de leur rapidité. On trouve d'excellentes instructions à ce sujet dans le second volume du *Traité de Darvill sur le cheval de course anglais*, et je me vois dans la nécessité de renvoyer mes lecteurs à cet ouvrage, le but de mon opuscule n'étant pas, par des motifs que j'expliquerai plus bas, de traiter au long de l'entraînement des chevaux. Il faut cependant observer que l'épreuve que l'on fait à un âge aussi tendre, est loin de fournir une garantie certaine de leurs qualités futures. Des exemples sans nombre démontrent la vérité de cette assertion. Le feu lord Grosvenor était célèbre pour éprouver de bonne heure ses jeunes chevaux. *Meteora* n'eut pas de succès et elle fut envoyée à la foire de Chester afin d'être vendue pour 16 livres st. Elle ne fut pas vendue et devint plus tard la meilleure jument de son temps. *Violante*, qui appartenait aussi au marquis de Westminster, fils du feu lord Grosvenor, fut, à l'épreuve, trouvée si mauvaise, qu'elle fut vendue à l'encan à Newmarket pour 50 livres st. Sa seigneurie la racheta, et le célèbre jockey Buckle déclara qu'il n'avait jamais monté de meilleur cheval sur la carrière de Beacon ou sur toute autre à Newmarket.

Pour ce qui regarde la France et la Belgique, comme il n'y a point encore de courses où l'on reçoive des poulains de deux ans, ces épreuves deviennent superflues, et tout ce que j'en dirai ici sera que, quand un poulain est bien dressé aux allures, et quand il consent à en suivre d'autres qui courent au galop, il est toujours facile d'obtenir un avant-goût de sa rapidité, en le faisant courir pendant cent ou cent cinquante toises, à la fin d'une carrière d'un demi-mille, à côté d'un vieux cheval dont la rapidité est connue, ayant été mesurée. Quand un producteur a plusieurs poulains à la fois, et qu'il désire, comme il est naturel, de connaître les meilleurs et les moins bons, il n'a qu'à les essayer tous ensemble, d'après la méthode indiquée par M. Darvill, t. II, chap. XVI, ou bien d'après celle de son propre *groom*, en ayant, toutefois, l'attention de bien distinguer leur plus ou moins de capacité individuelle à supporter la fatigue. En d'autres termes, leurs diverses constitutions doivent être prises en considération. Ils sont en état d'être essayés quatre ou cinq semaines après avoir été purgés, et au bout de huit semaines, ils peuvent être amenés au poteau et peuvent commencer à courir. Quant à l'entraînement des poulains d'un an, il est superflu, par la raison déjà donnée, d'en décrire ici la méthode ; mais tout poulain destiné à la course, devra faire un travail quelconque avant l'âge de deux ans ; et comme cela ne peut se faire sans qu'ils aient sué, on remarquera que la meilleure règle que l'on puisse observer en faisant suer un poulain d'un an, est l'effet que l'exercice produit sur lui, en diminuant la masse de son système musculaire, et la rapidité avec laquelle la substance perdue se remplace. Cependant il arrive parfois que des poulains, tant d'un an que de deux, courent sans avoir jamais sué sous des couvertures. Les garçons qui montent des poulains d'un an doivent être fort légers, mais ayant la main bonne et étant fermes sur leurs selles ; le terrain sur lequel on entraîne un poulain doit être léger.

De la taille des Poulains.

Les éleveurs de chevaux de course ne doivent jamais oublier l'axiome qu'en toutes choses la perfection se trouve placée entre les deux extrêmes. En conséquence, il ne faut pas qu'ils désirent que leurs jeunes chevaux soient de trop grande taille. De même qu'une poutre trop longue se casse par son propre poids, de même aussi il est rare que de très-grands animaux soient forts en proportion de leur taille. Je regarde la hauteur moyenne comme étant de 15 paumes 2 pouces, en comptant 4 pouces d'Angleterre par paume (4 pieds 10 pouces de France); cette taille est la meilleure pour un poulain de course. Les très-grands chevaux qui ont paru sur le *turf* anglais ne se sont pas montrés, à fort peu d'exceptions près, aussi vaillants sous de grands poids que ceux d'une taille moyenne, et l'on pourrait citer plusieurs cas, comme celui de *Meteora*, de *Whalebone* et d'autres, où les meilleurs coureurs de l'année se sont trouvés parmi les plus petits chevaux. Toutefois, aucun cheval ne peut courir, surtout avec un poids, s'il manque de substance et de profondeur dans la poitrine; mais une taille excessive n'est nullement inséparable de la possession de ces deux qualités. La force du lion est hors de toute proportion avec sa taille.

De la castration des Poulains.

Si un poulain ne promet pas de devoir réussir comme cheval de course, et si son maître désire le faire châtrer, c'est le mois de septembre qui est l'époque la plus favorable pour cette opération, après que le poulain y aura été préparé par les médecines convenables. Je suis porté à croire que nous châtrons, généralement parlant, trop de poulains en Angleterre; cette opération diminue considérablement la force musculaire ainsi que l'énergie vitale et mentale de tous les animaux que l'on y soumet, et au nombre des meilleurs chevaux de chasse que j'ai connus, il s'est trouvé plusieurs étalons qui avaient été convenablement dirigés depuis leur première jeunesse.

De la Gourme.

Un des accidents qui viennent le plus souvent renverser les espérances des éleveurs de chevaux de course est la maladie appelée gourme ; on la croit généralement causée par un état particulier de l'atmosphère, et on la regarde comme contagieuse, c'est-à-dire que quand un poulain en est attaqué, tous ceux qui se trouvent sous le même toit que lui le sont aussi, et les vieux chevaux eux-mêmes n'y échappent pas toujours.

Quand cette maladie attaque un jeune cheval, elle débute, comme beaucoup de maladies le font chez l'homme, par des frissons, la perte de l'appétit, une légère toux et un mal de gorge. Quand le cas est grave, les glandes de la gorge se tuméfient, la bouche est chaude et les jambes un peu enflées.

A la plus légère attaque de cette maladie, il faut sur-le-champ suspendre tout travail, tenir le patient chaudement et le saigner. Pour nourriture, on donnera du son trempé dans de l'eau bouillante, et l'on tiendra la tête du poulain attachée au-dessus de la vapeur de cette eau, afin de faciliter l'expulsion des mucosités par les narines, leur suppression pouvant amener les suites les plus funestes. Il faut aussi avoir recours à des fomentations locales et à des cataplasmes, ce que tout bon *groom* sait fort bien; enfin, une attention et des soins particuliers sont nécessaires pendant la convalescence, parce qu'il est dans la nature de cette maladie de laisser dans les intestins de la saburre, dont il faut se débarrasser par des purgatifs. Plus le poulain est jeune, plus la maladie est bénigne, et plus promptement il en est délivré. La prudence exige aussi que le premier poulain attaqué soit sur-le-champ éloigné du reste du haras et placé dans une loge séparée, afin de prévenir par là, s'il est possible, que la contagion ne s'étende.

Après la saignée, M. Darvill conseille de tenir le ventre libre par le moyen d'un purgatif doux. Une pinte d'huile de ricin suffit d'ordinaire pour la plupart des poulains; mais à ceux qui sont forts en chair et d'une constitution naturellement vigoureuse, on peut donner le quart d'une once d'aloès des Barbades, dissous dans quatre onces d'eau chaude et que l'on ajoute à l'eau de gruau.

Indépendamment de l'influence atmosphérique, cette maladie est souvent causée par le défaut de soin du groom, qui ne donne pas assez attention au temps qu'il fait, et à la manière dont il couvre ses chevaux quand il leur fait faire de l'exercice sur un terrain élevé et conséquemment exposé, surtout pendant que le vent froid du nord-est souffle. Le même effet peut aussi être produit par le défaut d'attention à maintenir l'écurie dans une température égale.

Une propreté extrême dans l'écurie contribue grandement à préserver les chevaux de toute espèce de maladie, mais c'est surtout après qu'un haras a été attaqué de la gourme, qu'il faut absolument nettoyer à fond le bâtiment dans lequel les animaux ont été tenus et en blanchir les murs à deux reprises.

En 1825, une grande mortalité eut lieu dans le haras du feu lord Egremont à Petworth. Quatorze juments mirent bas des poulains mort-nés et trois qui ne vécurent que peu de jours. Elles étaient placées dans des situations différentes, et leur nourriture n'était pas la même. Presque toutes étaient à terme, et l'on avait acquis la certitude que les fœtus étaient vivants trois ou quatre jours avant de venir au monde. Cette mortalité se prolongea pendant tout le printemps, et ne se borna pas aux chevaux de race; plusieurs juments de charrette et toutes les ânesses mirent bas des petits mort-nés.

Puisque je traite en ce moment des maladies et des moyens de les prévenir, je saisis cette occasion pour remarquer que, dans nos meilleures écuries d'entraînement, l'usage de la saignée est totalement abandonné, si ce n'est à l'invasion d'une maladie. On la regardait autrefois comme pouvant contribuer à mettre un cheval en état, tandis qu'aujourd'hui on n'y a recours qu'en cas de maladie, mais alors il faut y aller largement. Il m'est arrivé une fois de tirer à un cheval douze *quarts* de sang dans l'espace de douze heures et de lui sauver la vie par ce moyen énergique.

Parmi les dépendances nécessaires à un établissement de courses, il faut compter, dans les mois d'hiver, ce que l'on appelle un lit de paille, pour exercer les chevaux dessus quand il gèle. Ce lit consiste uniquement en un certain nombre de bottes de paille que l'on pose par terre sur un sentier circulaire et oblong, et il va sans dire que plus le diamètre du cercle est grand, mieux cela vaut. J'ai vu un mille de terrain couvert de cette manière, chez M. Rawlinson, du comté d'Oxford, un de nos meilleurs éleveurs de chevaux de course, et entre autres, de l'excellent coureur *Revenge*. Cet arrangement était extrêmement avantageux à ses jeunes chevaux et à d'autres, engagés de bonne heure dans l'été, puisqu'ils faisaient un travail, dans un moment où les autres chevaux ne pouvaient que marcher, pendant une longue et forte gelée. En attendant, un terrain d'environ cent toises de long et trente-cinq de large suffira, si l'on ne peut pas s'en procurer un plus considérable. Il sera assez grand pour faire suer modérément les chevaux, ce qui les empêchera d'amasser trop de chair, dont il faudra plus tard se défaire aux dépens de leurs jambes ; et ce qui est aussi de la plus grande importance pour un cheval de course, c'est que tout le système musculaire, ainsi que les tendons des membres conservent la force et le ton qu'ils auront acquis dans leurs travaux précédents, mais que détruirait une oisiveté trop prolongée.

De l'Action.

Il n'est rien qui varie davantage à l'œil que l'action des chevaux de course et la forme dans laquelle ils courent. Ainsi, par exemple, *Flying Childers* courait la tête haute, et *Eclipse,* à ce que l'on dit, rasait la terre avec son nez. Les uns galopent avec le genou presque droit, d'autres écartent l'une de l'autre les extrémités de derrière, ce qui ne les empêche pas de courir avec rapidité et vigueur. Mais l'action du cheval de course est d'une nature particulière au but qu'il doit remplir. Il faut qu'il possède non-seulement une grande étendue d'enjambée quand il galope, résultat d'une exacte proportion dans ses membres et dans ses leviers mobiles, mais encore *de la promptitude à réitérer ces enjambées*, sans quoi il perdrait en temps ce qu'il gagnerait en espace. C'est la réunion de l'enjambée et de la rapidité qui forme le coureur agile. Ainsi, l'on assure que le célèbre cheval *Hambletonian*, en courant avec *Diamond*, couvrit à la fin de la carrière 21 pieds de terrain dans une seule enjambée. On dit aussi qu'*Eclipse* couvrait 83 pieds de terrain par seconde dans sa plus grande rapidité, ce qui, d'après le calcul de M. Saintbel, équivaut à peu près à 25 pieds par enjambée.

L'action que l'on regarde comme la meilleure pour un cheval de course, parce qu'elle lui fait couvrir la plus grande étendue de terrain possible avec le moins de fatigue, est celle que sur le *turf* on appelle l'action ronde (*round action*); c'est-à-dire que, lorsqu'on regarde de côté l'animal au galop, ses membres de devant semblent former une roue ou un cercle. Toutefois, des terrains différents exigent aussi des actions un peu différentes, et un grand cheval à longues enjambées, comme *Hambletonian*, peut être vaincu sur un terrain qui s'élève ou qui tourne par un cheval plus petit et faisant des pas plus courts. Il s'ensuit que les courses de Newmarket ne permettent pas toujours de juger de ce qu'un cheval fera à celles d'Epsom, où le terrain est très-difficile à cause de son inégalité. L'état momentané du terrain quant à la sécheresse, à l'humidité, au plus ou moins de dureté, influe tant sur le résultat de la course, que l'on voit souvent la victoire devenir le partage de chevaux, dans lesquels on avait fort peu de confiance au départ ; c'est ce qui arriva à *Tarare* qui remporta le prix de Saint-Léger à Doncaster, en 1826. Le célèbre *Euphrates*, fils de *Quiz* et de *Persepolis*, et frère de *Tigris*, qui gagna tant de coupes d'or pour le feu M. Mytton, et qui courait encore après l'âge de douze ans, ne pouvait guère porter que quatorze livres de moins que son poids accoutumé, après une forte averse. Il semblait prendre plaisir à entendre ses pieds frapper contre un terrain dur, et il aurait certainement couru mieux que tout autre sur une route bien macadamisée, tandis que *Tarare*, au contraire, triomphait de ses rivaux quand il pouvait déployer ses forces dans la crotte et la boue. Du reste, cette variété dans la rapidité des chevaux, causée par des circonstances d'une nature opposée, confirme mon assertion, que la qualité que l'on appelle sang (*blood*), et par conséquent l'excellence des chevaux, est toujours machinale, et que la plus légère déviation dans les formes convenables des parties agissantes produit un effet si considérable, qu'elle peut, en certaines circonstances données, enlever aux animaux toute leur valeur comme chevaux de course.

De l'Entraînement du cheval de course.

Si cet opuscule était adressé à des lecteurs anglais, j'aurais peu de chose à dire sur ce sujet, et cela pour deux raisons. La première, c'est que je ne suis pas partisan de l'entraînement fait chez soi : car, à moins d'avoir un haras très-considérable, il ne fera guère remporter d'autre prix que quelque pièce d'argenterie de province. Quand on veut connaître un cheval assez à fond pour pouvoir parier sur lui une somme un peu forte, il faut nécessairement le faire entraîner dans quelque grand établissement public, tel que Newmarket, ou dans quelque autre endroit où se trouvent de grands haras. Je connais fort peu de personnes qui aient remporté le prix de la course avec des chevaux entraînés chez elles, tandis que, d'un autre côté, les frais de l'entraînement y sont beaucoup plus considérables, à tout prendre, que dans un grand établissement public. Mais pour ce qui regarde la France, et en général tous les pays où les courses sont un usage récent, le cas est fort différent. Bien des personnes y éprouvent le désir d'entraîner leurs chevaux chez elles, soit parce qu'elles habitent à une trop grande distance de tout établissement public, soit parce que cela les amuse, soit enfin parce qu'elles croient s'initier par là dans tous les prétendus mystères de l'art. En effet, j'ai visité, l'année dernière, les écuries d'un Français, demeurant près de Boulogne-sur-Mer, qui faisait, dans le moment, entraîner quatre chevaux sous ses yeux, et qui allait les faire galoper sous leurs couvertures. Je vais donc essayer de donner avec détail les meilleurs conseils possibles aux personnes qui désireraient faire courir leurs propres chevaux, ou qui voudraient connaître les principes généraux d'après lesquels agissent ceux qu'elles emploient pour cela. Il n'y a cependant que l'expérience seule qui puisse donner une connaissance parfaite de ce qu'il faut faire; et l'assistance d'une personne qui aura travaillé dans une grande écurie d'entraînement anglaise est indispensable pour offrir aux propriétaires de haras français une chance quelconque de succès, non-seulement aujourd'hui mais pendant quelque temps encore. Rome n'a point été bâtie en un jour; et il a fallu plus d'un siècle pour perfectionner en Angleterre l'art de produire et d'entraîner des chevaux : il n'y a tout au plus que vingt ans que cet art y est parvenu à son dernier période.

Nous commencerons par un poulain de deux ans que l'on a l'intention de faire courir le printemps suivant ; car, comme il n'y a point en France de courses où l'on reçoive de poulains de deux ans, ce que j'ai dit plus haut, de la manière de traiter ceux-ci, est tout ce que ce sujet peut exiger.

Prenez soin surtout que votre poulain ne soit

pas gras quand vous commencez à l'entraîner, car, avant d'être réduit, il ne pourra rien faire; tandis qu'en le réduisant, vous courez risque de le ruiner, et, pour mieux dire, la chose est inévitable si vous le faites d'une manière trop soudaine. D'ailleurs, un poulain qui est gras intérieurement, tombe en pièces et se fond dès qu'il commence à travailler. Faites-le donc travailler modérément pendant tout l'hiver précédent, en le purgeant de temps en temps, selon que sa constitution l'exige, et en se réglant d'après le plus ou moins d'effet que les médecines feront pour réduire la chair superflue. Mais c'est ici qu'il faut savoir bien distinguer. La constitution et le caractère (*temper*) des poulains offrent tant de variétés, qu'ils exigent souvent des traitements bien différents les uns des autres. Si un poulain d'une constitution délicate fait autant de travail que celui qui est fort et robuste, il cessera de se nourrir comme il le doit, il perdra sa chair, et, pour parler le langage des entraîneurs, il deviendra *rassis* (*stale*) et fatigué sur ses jambes. En attendant, il y a une règle dont il ne faut point s'écarter lorsqu'on entraîne de jeunes chevaux : c'est de ne jamais les presser dans leur travail; et c'est là un des grands avantages de la méthode moderne de traiter les chevaux de course, qui consiste à leur faire faire constamment un travail léger. Par ce moyen, on les prépare pour la course avec moitié moins de travail et de fatigue que d'après l'ancien système, qui les laissait dans l'oisiveté une partie de l'année. L'oisiveté est, on ne saurait plus pernicieuse pour les chevaux de course. Elle les rend d'abord vicieux; puis elle occasionne une accumulation de chair, dont il faut, après cela, se débarrasser aux dépens des jambes et des tendons, et un relâchement dans les muscles du corps et dans les tendons des jambes, qui les gêne excessivement quand ils se remettent à travailler. A la vérité, tous les chevaux, surtout quand ils sont jeunes, veulent du repos, et ont besoin, comme disent les entraîneurs, qu'on rabaisse leur état (*let down their condition*); mais cela peut se faire en les purgeant, en leur donnant pendant quelques jours de l'herbe fraîche et en les soulageant dans leur travail, c'est-à-dire en les faisant simplement promener pendant un temps donné, qui varie naturellement selon les circonstances. Il y a encore un point qu'il ne faut pas perdre de vue en entraînant de jeunes chevaux, savoir : que quand ils sont bien préparés à courir, ils ne restent que peu de jours dans cet état de perfection sans être un peu *rabaissés*.

Mais, pour en revenir au poulain de deux ans pendant les mois d'hiver. Il faut de temps en temps le nettoyer par une médecine, ce qui le délivrera de sa mauvaise chair, et rendra celle qu'il fera ensuite, ferme, bonne et de nature à le renforcer plutôt que de l'affaiblir. A cet effet, l'ayant préparé par du son trempé dans de l'eau bouillante, il suffira de lui donner trois gros (drachmes), ou quatre tout au plus, d'aloès des Barbades, qui lui feront avoir six ou huit selles. Si, à mesure qu'il avance dans son travail, et qu'il se met en état, on trouve que cette dose ne suffit pas, on peut y ajouter un quatrième gros d'aloès: mais je ne conseillerais pas d'en donner davantage. Quand il entrera dans un cours régulier d'entraînement, si sa nature est un peu grossière, une légère dose purgative, donnée une fois par mois, lui sera avantageuse, surtout s'il doit se trouver dans le cas de courir trois ou quatre fois dans un été.

Manière de préparer des Poulains pour une course.

Des poulains de deux ans sont quelquefois amenés dans la carrière, sans avoir jamais eu ce que l'on appelle de suées régulières sous leurs couvertures, surtout s'ils sont d'une constitution légère et délicate. Ce n'est que quand on se dispose à les faire courir comme chevaux de trois ans, qu'ils sont assujettis à la sévère discipline des chevaux de course. Toutefois, quoique l'on n'ait pas l'intention de les faire courir avant qu'ils aient trois ans, ils peuvent être suffisamment préparés par un travail modéré et par des médecines, comme aussi en les faisant courir aussi vite qu'ils le peuvent l'espace d'au moins un demi-mille, pour les essayer. Si, après cela, on se trouve avoir une très-haute opinion de la forme et du sang d'un poulain de deux ans, on ne peut trop se hâter de chercher à découvrir ce qu'il est capable de faire; et l'on peut y parvenir d'une des manières suivantes.

Si on l'essaye au printemps avec un cheval de trois ans, il faudra que celui-ci lui fasse un avantage d'au moins trente-cinq livres d'Angleterre, sur un demi-mille ou trois quarts de mille. Quand l'été sera plus avancé, l'avantage ne devra plus être que de vingt-huit livres. Si on l'essaye avec un cheval de quatre ans, celui-ci devra porter de dix à quatorze livres de plus que celui de trois ans. Remarquez qu'en essayant en particulier un poulain de deux ans, on ne doit pas lui faire parcourir un espace plus considérable, ou du moins qui le soit beaucoup plus que celui qu'il devra parcourir en public.

Si l'on possède un poulain de deux ans, de la

forme, du sang et de l'action duquel on ait une fort haute opinion, on peut l'essayer, sur un demi-mille, à poids égaux, par exemple, cent douze livres chacun, avec un bon cheval de trois ans qui aura bien couru en public. Si le poulain n'est vaincu que de la tête, ou même de la longueur du corps, on pourra se vanter d'avoir pris un bon billet à la loterie. Un très-bon poulain de deux ans vaut toujours un mauvais cheval de trois ans.

On croira peut-être que j'ai permis dans leurs épreuves de trop grands poids, pour les poulains de deux ans; mais le fait suivant, qui a eu lieu à Warwick, il y a quelques années, fera connaître l'effet des années pour les chevaux de course, en ce qui regarde les poids qu'ils peuvent porter.

En 1823 le hongre gris de lord Litchfield, *Gab,* fils de *Swap,* âgé de cinq ans, portant cent trente-trois livres, battit le poulain brun de sir John Gerrard, *Billinge,* par *Belzoni*, âgé de deux ans, et portant quatre-vingt-onze livres, sur la carrière des poulains de deux ans, qui était d'environ un demi-mille; le pari était de 300 souverains. Le lendemain, *Billinge* gagna des poules de 25 souverains chaque, pour des poulains de deux ans, portant cent dix-sept livres chacun, et des pouliches portant cent quinze livres; il battit, dans cette occasion, *Donald*, fils de *Caïn*, la pouliche baie de lord Warwick, fille de *Filho da Puta, Noodle*, de M. Peel, *Mad-Tom*, de M. Robinson, et plusieurs autres. Dans la première course, le vieux cheval eut le dessus sur le jeune, parce qu'il était en état d'aller d'un bout de la carrière à l'autre de son train le plus rapide. Du reste, l'année suivante, *Billinge* prouva qu'il était un bon cheval, en combattant *Birdlime, Red Rover*, etc. Quand on essaye des chevaux de course, il est nécessaire de les faire monter par de bons jockeys, qui soient en état de leur faire faire les plus grands efforts, ce que l'on appelle à Newmarket *draw them out*. En Angleterre, on fait souvent des paris, et même pour des sommes considérables, dans le seul but de connaître la *mesure* ou la *longueur* d'un cheval, c'est-à-dire de s'assurer de sa rapidité et de sa constance, afin de mettre son maître en état de parier une somme plus considérable encore dans une autre occasion. Aussi *Mazeppa*, portant cent onze livres d'Angleterre, courut à Newmarket contre *Middleton*, qui portait cent vingt-quatre livres. Ils étaient tous deux du même âge. Les paris étaient de huit contre un en faveur de *Mazeppa*, mais *Middleton* gagna.

Le conseil suivant sera utile à tout producteur de chevaux de course; car, bien qu'il ne réussisse pas toujours, il ne manquera pas son effet plus d'une fois sur cent. Si un poulain qui aura été bien préparé se montre lent à l'épreuve, il faut *sur-le-champ* cesser son entraînement, et en faire, soit un cheval de chasse, soit un cheval de selle, ou bien encore le vendre. A la vérité, il y a eu, comme je viens de le dire, quelques exceptions à cette règle; et je citerai comme un fait digne de remarque, que la jument poulinière *Prunella*, fille de *Highflyer*, qui posa les premiers fondements du haras du duc de Grafton, ne fut point entraînée, parce qu'on la trouva trop lente à sa première épreuve.

Ainsi que je l'ai déjà remarqué plus haut, je n'ai pas l'intention de décrire en détail tout le système de l'entraînement, mais seulement de me borner à quelques remarques générales. Un bon poulain de trois ans, pourra déjà supporter un travail très-rude, pourvu qu'on ne le presse pas, et pourvu qu'il ait continué à faire un travail modéré, depuis qu'il a été dressé, sauf les moments de repos, pendant qu'on lui administre les purgations et qu'on le met à la nourriture verte. Les principales difficultés consistent d'abord à savoir quand il est en état de courir, et ensuite de le tenir en cet état jusqu'à ce qu'il arrive au poteau pour courir, et alors il exigera une nouvelle préparation.

Il y a plusieurs indications d'après lesquelles on peut juger si un cheval est en état de courir. Au nombre des plus certaines se trouvent les suivantes : s'il a bien mangé pendant qu'il travaillait ; s'il ne s'est pas montré abattu après ses sueurs ; si ses jambes ont conservé toute leur fraîcheur et leur forme. « Enfin, selon l'observation de M. Darvill, il doit paraître brillant de maturité, frais et sain en lui-même, propre et non chargé dans sa surface musculaire. » En d'autres mots, il faut qu'il n'y ait ni dans lui, ni sur lui aucune chair, aucune graisse superflue. Il doit avoir la respiration facile, la peau douce et brillante, les jambes *fraîches* et nettes, et derrière la selle, il doit montrer un corps droit et élégant. Les muscles de son corps doivent être durs et élastiques au toucher, avec une sorte de renflement ou de substance dans ceux du corps et particulièrement dans ceux de la croupe, qui doivent paraître comme s'ils étaient bien distincts les uns des autres. Le haut de l'encolure n'étant pas trop élevé, doit être ferme et bien attaché. Celui qui a entraîné l'animal peut seul savoir combien longtemps il restera dans cet état de perfection ; et s'il lui impose un travail trop rude, il ne tardera pas a acquérir la triste certitude que le cheval devient rassis (*stale*), et, par conséquent, que son état dépérit.

La constitution des chevaux de course est un point auquel il faut porter une grande attention, surtout pendant qu'ils sont poulains. Il y en a qui, pour pouvoir courir vite et longtemps, veulent avoir un peu d'embonpoint, pourvu, toutefois, que leur chair soit le produit d'une bonne nourriture et d'un bon travail. D'autres, au contraire, ne peuvent faire de grands efforts que s'ils sont tant soit peu élancés (*fine drawn*). Les chevaux les plus difficiles à entraîner sont ces animaux vigoureux et gloutons, qui font de la chair nouvelle plus vite qu'on n'a pu leur enlever l'ancienne, et qui, par conséquent, exigent pour se préparer à courir, tant de purgations et tant de travail, que leur santé court risque d'en être altérée. Toutefois, la graisse extérieure, quoique nuisible à un cheval de course et dangereuse pour ses jambes, lui fait bien moins de tort que la graisse intérieure, qui l'empêche infailliblement de lutter avec succès dans une course vivement disputée. On dirait qu'elle l'étouffe. Si des chevaux de cette espèce, c'est-à-dire des chevaux vigoureux, ne deviennent pas extérieurement élancés, pendant l'entraînement, par le travail qu'ils ont fait, il n'en est pas moins possible qu'ils se soient débarrassés d'une portion suffisante de la graisse intérieure superflue. Si, après cela, on leur trouve la respiration nette, pendant le chemin qu'ils ont à faire dans la course, on peut, sans inconvénient, les faire entrer dans la carrière avec un peu d'embonpoint, attendu qu'*il est de leur nature* de porter de la chair; or la nature doit toujours être consultée, jusqu'à un certain point, quand il s'agit d'apprivoiser des animaux quelconques, et quel que soit l'usage auquel on veuille les dresser. Ainsi, M. Darvill remarque avec raison : « La nature fera toujours valoir ses droits, pour régler toute l'économie du système animal, et cela malgré tous nos efforts pour la contrarier. » Quand l'usage n'est point appuyé sur la raison, défaut qui était général dans tous les établissements de course, il y a cinquante ans, on ne peut manquer de reconnaître tôt ou tard l'erreur que l'on a commise.

Il y a encore une autre espèce de chevaux qu'il ne faut pas chercher à rendre trop efflanqués. Ce sont les grands chevaux faisant de longues enjambées et qui sont placés un peu haut sur leurs jambes. Puis, tous les jeunes chevaux, c'est-à-dire ceux qui ont moins de quatre ans, n'ont pas besoin d'être traités ainsi, parce que l'on n'exige pas d'eux qu'ils fassent de longues courses. Mais je pense que ce que je pourrai faire de mieux pour indiquer les grandes différences qui existent dans les constitutions des chevaux de course et la nécessité de consulter ces différences, sera d'extraire le passage suivant des lettres de Nemrod sur l'état des chevaux de chasse (p. 196 de la 1re éd.). « Les chasseurs ne considèrent pas assez les particularités qui distinguen la constitution de leurs chevaux, et ont coutume de les préparer tous à peu près de la même manière, tandis qu'il faudrait les traiter, au contraire, très-différemment. Pour en avoir la preuve, transportons-nous à l'écurie des chevaux de course. *Ospray*, du feu lord Foley, fils d'*Eagle* et d'une sœur de *Chippenham*, ne voulut jamais prendre de médecine ni se laisser entraîner de quelque manière que ce fût, et pourtant, quand on le fit sortir de son enclos, il était en état de battre la moitié des chevaux de Newmarket, sur une carrière d'un demi-mille. La célèbre jument *Victoria*, de lord Oxford, avait besoin d'une médecine, après chaque course, et il lui arriva une fois d'en prendre pendant qu'elle était en route pour se rendre d'une course de province à une autre et de remporter le prix dans les deux. La mère de *Sailor* (*Goose-Sander*), lorsqu'elle faisait un voyage qui durait plus de quatre jours, était obligée de s'arrêter le cinquième pour suer, tant était grande sa disposition à prendre de la chair, tandis qu'*Euphrates*, de M. Mytton, ne porte jamais de muselière [1]. Quand le major Piggot entraînait à la fois

[1] En Angleterre on met des muselières aux chevaux sujets

York et *Mantidamum*, il m'a dit lui-même qu'un de ces chevaux prenait trois fois médecine, dans le temps que l'autre était purgé dix-sept fois. On pourrait certainement trouver mille exemples de ce genre dans les annales du *turf*[1].

Jusqu'à présent, je n'ai guère parlé que de l'entraînement de jeunes chevaux. Quant aux autres, on remarquera d'abord qu'un cheval de cinq ans passe maintenant pour un vieux cheval sur le *turf;* j'offrirai ensuite aux amateurs les conseils suivants : Quand un cheval aura achevé sa saison, il aura, comme de raison, besoin d'un peu de repos et d'une médecine. Mais le propriétaire d'un cheval de course qui se trouvera dans ce cas, fera bien, si l'animal est ferme sur ses jambes, et s'il n'a pas besoin du secours de la médecine, de ne pas lui permettre de rester dans un oisiveté complète dans son écurie, comme on le faisait autrefois; qu'on le fasse suer légèrement de

à engraisser, et qui ne sont point des chevaux de course, pour les empêcher de trop manger et surtout de dévorer leur litière.

[1] L'entraîneur de chevaux de feu M. Skipsey, dans le Yorkshim (M. Hesaldine) ne donnait jamais à ses chevaux d'autre médecine que du sel d'Epsom, et l'on peut voir par les registres le succès qu'il a eu.

temps en temps et galoper un peu longuement à un train modéré ; en un mot, qu'on le tienne modérément en haleine, afin qu'il ne s'arrière pas trop en son état. Les muscles que l'on n'exerce pas deviennent petits et flasques, et si on leur laisse prendre un repos trop prolongé, ils seront longtemps avant d'acquérir de nouveau le ton qui leur convient. Si au contraire, on continue à les faire travailler régulièrement, sans exiger d'eux trop d'efforts, ils reprendront facilement ce ton quand il leur sera nécessaire. De cette façon, on prépare un cheval avec moitié moins de travail qu'il ne lui en faudrait sans cela, tandis qu'en pressant ou en forçant les chevaux de course dans leur travail on en perd plus de la moitié.

Les diverses préparations, que l'on fait subir à un cheval de course avant de le faire courir, sont la grande épreuve du talent d'un entraîneur. On peut noter les points suivants : Il a besoin de ce que l'on appelle trois *préparations ;* c'est-à-dire qu'il faut le mettre deux fois en état de courir et le remettre à bas (*let down again*) par des purgations, par la nourriture verte (*soiling*) et le repos. Ce n'est qu'à la troisième, qu'il est réellement en état d'entrer dans la carrière. En accordant le temps nécessaire pour les accidents, tels que des écorchures aux os des jambes (*sore shins*), une perte d'appétit, etc.; je crois qu'il faut au moins six semaines bien pleines pour chaque préparation, et même davantage en certains cas. Il faut surveiller le cheval avec soin quant à son appétit, sa gaieté, etc.; et si l'un ou l'autre vient à diminuer, on suspendra son travail pendant quelques jours; on observera aussi si sa *rapidité* augmente ou diminue, et on réglera son travail en conséquence; car, si elle diminue, c'est une preuve qu'on l'a fait trop travailler, et qu'il a besoin de repos. A mesure que la saison des courses approche, augmentez le travail et pressez le pas, en proportion du chemin que le cheval aura à parcourir; mais s'il devient trop léger, arrêtez pendant deux ou trois jours, et donnez-lui de la verdure; une fois qu'il sera bien préparé, il restera ordinairement dans un état tel, qu'il pourra courir sans avoir besoin d'un travail *trop rude*, lequel, bien qu'il soit quelquefois nécessaire, peut facilement rendre un cheval rassis (*stale*). La première préparation doit commencer dans la première semaine de janvier, par une purgation. C'est là une mesure préalable qu'il faut toujours prendre avant d'exiger des efforts extraordinaires.

La nourriture et la régularité dans les heures des pansements sont des points essentiels dans un établissement d'entraînement.

DES PURGATIONS. La manière de purger les chevaux de course est devenue aujourd'hui une opération très-simple; les doses sont si légères, que, pourvu que les drogues soient de bonne qualité, il ne peut en résulter aucun danger. Les doses suivantes d'aloès sont celles que je recommande pour des chevaux ou des poulains d'une constitution ordinaire.

A deux ans,	3 gros.
A trois ans,	4 gros.
A cinq ans et au-dessus,	5 à 6 gros.

Des chevaux très-délicats ne pourront peut-être pas supporter même des quantités si petites; mais le groom saura à quoi s'en tenir après la première dose. Le moment le plus favorable pour administrer cette médecine à un cheval de course, c'est quand il revient de faire de l'exercice, parce qu'alors ses entrailles sont vides;

et si l'on a de la peine à le faire boire pendant que la médecine opère, il faudra le tenir, la veille, un peu court de boisson. Quand les chevaux auront été bien préparés, les doses ci-dessus indiquées seront suffisantes; mais dans le cas où elles n'opéreraient pas, il ne serait pas prudent, sauf le cas de maladie aiguë, de les réitérer avant six ou huit jours au moins.

Il y a trente ans, ce n'était pas sans une vive inquiétude, que les entraîneurs administraient des purgations aux chevaux, tant les doses étaient excessives; il fallait, d'ailleurs, les rendre toujours plus fortes, à mesure que le cheval avançait en âge et que son corps s'accoutumait aux drogues qu'on lui donnait. J'ai eu, pendant quinze ans, dans mon écurie, un cheval qui avait été entraîné à Newmarket, jusqu'à l'âge de sept ans, et qui, par suite des fortes médecines purgatives qui lui avaient été données à plusieurs reprises pendant ce temps, en était venu au point que, dans sa dixième et sa onzième année, j'étais obligé de lui administrer dix et même douze gros d'aloès des Barbades, et d'y ajouter même un ou deux gros de calomel, avant de pouvoir obtenir l'effet désiré. Il était ce que l'on appelle un cheval très-glouton et presque toujours constipé. Il existe d'ailleurs un exemple récent d'un cheval difficile à purger : c'est *Serab,* appartenant au duc de Cleveland ; on s'est vu quelquefois obligé de lui faire prendre jusqu'à trois gros de calomel, comme préparation à une forte médecine purgative d'aloès.

Les effets des purgatifs sur un cheval que l'on entraîne sont divers. Il serait impossible de l'amener dans la carrière en un état tant soit peu approchant de la perfection, sans lui en faire prendre, et bien moins encore de le faire courir avec toute la rapidité dont il est capable, pendant un temps un peu considérable. Mais un des principaux avantages que les chevaux de course retirent des purgatifs, c'est le soulagement qu'y trouvent leurs membres, non-seulement quand ils ont été blessés, mais encore quand ils sont trop fatigués par le travail. En un mot, les purgatifs rafraîchissent et renouvellent, en quelque sorte, tout le système de l'animal.

Quant à l'espace de temps qu'il est bon de laisser écouler entre la médecine et le moment où un cheval doit courir, cela dépend de diverses circonstances, telles que la force de la dose, la constitution du cheval et la distance qu'on veut lui faire parcourir. Pour moi, je pense que, la plupart du temps, il faut mettre deux à trois semaines entre la médecine, donnée seulement pour rafraîchir ou pour remédier à quelque léger accident, et le jour de la course; si elle a été donnée à un cheval qui y a été préparé d'avance, il faut, pendant une journée ou deux après qu'elle aura cessé d'opérer, le faire seulement marcher, et puis après l'avoir bien fait galoper deux ou trois fois, il pourra courir quinze jours après celui de la médecine.

De la nourriture, de l'eau et des heures des Pansements.

Une bonne nourriture, aidée par l'exercice, donne de la vigueur aux muscles de tous les animaux, en consolidant leur chair; et la contexture de leur corps dépend en grande partie des aliments qu'ils reçoivent. Le meilleur foin, pour les chevaux de course, est celui qui croît sur des terrains élevés et sains; il doit paraître un peu cassant quand on le prend dans la main;

sa couleur doit être brillante et son odeur aromatique, sans être forte et spiritueuse, comme elle le devient quand le foin s'est trop échauffé dans la meule. Il est mauvais alors pour l'haleine des chevaux, sans compter qu'il les altère, et par conséquent, les affaiblit. Il faut qu'il soit sorti depuis peu de la meule, sans quoi il s'imbibe d'humidité, ce qui n'est pas bon pour l'haleine des chevaux. L'avoine doit être moissonnée depuis un an et sans avoir été exposée à beaucoup de pluie, ce qui se reconnaît par son brillant et par un bruit particulier qu'elle fait quand on la met dans le grenier. L'avoine un peu longue, pourvu qu'elle ne soit pas légère, est celle qu'il faut préférer, parce que les chevaux la mâchent mieux, tandis qu'il leur arrive souvent de l'avaler tout entière quand elle est courte. Les chevaux de course doivent recevoir quatre mesures d'avoine par jour quand ils ne font pas beaucoup de travail, et cinq quand ils en font. Pour ceux dont la constitution est délicate et qui sont sujets à la diarrhée, à la plus légère excitation, on y ajoute quelques fèves ou pois blancs. La maxime ordinaire est que les chevaux que l'on entraîne doivent recevoir autant de grain qu'ils en veulent manger, et que leur appétit doit être, à cet égard, la seule mesure; mais il est rare qu'un cheval exige plus que je ne viens de dire. Si le cheval est très-glouton et s'il mange très-vite, on peut lui donner, quand il ne fait pas un grand travail, un peu de foin ou du trèfle de première qualité, haché avec une machine; mais il n'y a rien de plus favorable à l'haleine que de l'avoine bien nette et de bon foin. Toutefois, il arrive souvent, chez les chevaux très-délicats, qu'ils mangent mieux quand on mêle au grain un peu de foin haché ou de trèfle.

J'ai déjà parlé de l'eau, mais seulement sous le rapport de la *qualité*. Pour la *quantité* qu'il faut donner aux chevaux que l'on entraîne, il est impossible de fixer une règle invariable. Les chevaux délicats ne boivent jamais trop, et quant aux chevaux robustes, qui mangent beaucoup, et qui, par conséquent, suent plus souvent, il ne faut pas être trop chiche d'eau. Il faut toujours les faire boire dans des seaux, sans quoi le groom ne pourra pas juger de la quantité qu'ils prennent; car tel cheval avale d'une gorgée, deux fois autant d'eau que tel autre.

Quand il fait très-chaud, on peut leur en accorder un peu davantage, mais généralement parlant, je crois pouvoir décider que deux seaux d'environ six *gallons*, dans les vingt-quatre heures, suffisent. On peut aussi leur accorder deux ou trois gorgées le matin avant de prendre de l'exercice, parce qu'ils mangent après cela leur avoine avec plus d'appétit.

Les maux causés par l'eau (*scelera aquarum*) affectent le cheval plus qu'aucun autre animal que nous connaissions. Un homme voyagera de Londres à Paris et boira de l'eau à chaque relais de la route, sans en éprouver aucun inconvénient; mais les pompes et les étangs qui se trouvent entre Newmarket et Doncaster ont fait perdre à bien des chevaux le grand prix de Saint-Léger, en les arriérant, quant à leur état. Il est bon que l'eau passe toute la nuit dans l'écurie, et si elle est dure, il est au moins prudent d'y jeter une poignée de farine d'avoine; puis, attendu que l'eau froide a toujours un certain effet sur la circulation du sang, on fait bien de jeter une couverture de plus sur les reins d'un cheval qui vient de boire, si c'est dans le temps de son entraînement.

Il faut observer avec beaucoup d'exactitude les heures de pansement des chevaux que l'on entraîne; ils remarqueront une différence de cinq minutes; car leurs estomacs sont d'excellentes horloges. Un bon pansement est plus avantageux à un cheval qu'on ne le croit en général. Il porte le sang à la surface du corps, et facilite sa circulation dans tout le système; il donne de l'élasticité aux poumons et rend à la fois l'haleine et la digestion bonnes. On peut même dire qu'il remplace l'exercice quand le temps est mauvais.

S'ils sont depuis fort peu de temps en état, et surtout si le mauvais temps les a empêchés de sortir la veille, les chevaux de course devront faire trois ou quatre fois le tour de la cour de leur écurie, avant de se rendre sur le terrain où ils font leurs exercices; car cela les tranquillise. Si le terrain est le moins du monde humide, il faut leur couvrir le ventre, de peur que cette partie ne se salisse, attendu qu'il y a des chevaux qui éprouvent une forte irritation nerveuse quand on la leur nettoye. Quand il fait du vent, il faut aussi avoir grand soin de bien attacher les couvertures par devant et par derrière, et si le vent est très-fort, une pièce de drap, appelée en anglais *breast sweater,* devra être ajoutée par dessous le poitrail (*breast plate*) ordinaire. Je ne suis pas d'avis de tenir les chevaux dehors longtemps à la fois quand ils font de l'exercice. Il me semble que trois heures devraient être le terme le plus long; davantage leur fatiguerait les membres ou les rendrait *legweary*.

J'aime que toute chose se fasse bien dans une écurie, mais tout palefrenier ne sait pas s'y prendre comme il faut pour déshabiller un cheval. Après lui avoir attaché la tête, l'avoir muselé, et avoir détaché le camail et le poitrail, il faut que le palefrenier fasse glisser sa main gauche le long de l'épine du dos de l'animal en tirant les vêtements en arrière par dessus la queue, après quoi il les jette dans le ratelier et hors de la portée du cheval. De cette manière, tous les poils de la peau du cheval se placeront bien. Quand on lui remet ses vêtements, il faut les remonter de quelques pouces plus avant sur le corps, que l'on n'a l'intention de les laisser, et le palefrenier, se tenant précisément derrière la queue du cheval, les tirera doucement à lui et les placera comme ils doivent rester; par cette opération, tous les poils seront encore bien lisses. Le camail et le poitrail étant bouclés, une pièce de toile étant jetée sur sa croupe, et ses jambes ayant été frottées, sa toilette est achevée, bien entendu que la tête et le cou auront été préalablement arrangés. Rien ne paraît plus gauche que de voir un palefrenier habiller un cheval à rebrousse poil, ce qui doit nécessairement arriver s'il place ses vêtements, en les lui mettant, plus bas qu'ils ne doivent rester. Les chevaux doivent être habillés trois fois par jour en hiver, et quatre fois en été.

J'aime à voir un cheval de course bien vêtu dans son écurie, pendant les rudes travaux de l'entraînement. Il ne faut pas qu'il ait moins de deux couvertures sur le corps à la fois : quand il est chaudement vêtu, le groom pourra introduire, si le temps est doux, l'air extérieur dans l'écurie, sans courir le risque d'enrhumer le cheval. Il ne faut jamais ôter la pièce de toile quand l'animal fait de l'exercice.

Le choix du terrain où se fait l'entraînement est un point important, que doivent considérer les propriétaires de chevaux de course. Il doit être, s'il est possible, élastique, mais bien sec, et surtout exempt de trous, d'ornières et de toutes inégalités, telles que des monticules de fourmis, etc. Un terrain sablonneux est mauvais, parce que, faute d'élasticité, il est pernicieux pour les tendons, et tend à rendre les chevaux lents; un sol argileux n'est pas bon non plus, parce qu'il devient aussi dur qu'une route quand l'été est sec, et l'est presque toujours au milieu de l'été. L'ébranlement et la chaleur que produit dans les pieds l'action de galoper sur une pareille route, sont évidentes. Un terrain montagneux n'est pas aussi estimé qu'il l'était autrefois; on s'est assuré que l'action de gravir est presque aussi pernicieuse pour les jambes de devant que celle de descendre. Il est très-avantageux d'avoir dans les environs de l'écurie d'entraînement un terrain dont la surface soit mêlée de mousse qui, par son élasticité, permet à un groom de faire suer ses chevaux quand il gèle, ou quand son terrain d'entraînement ordinaire n'est pas en bon état. Cela est surtout nécessaire pour des chevaux qui ont besoin de suer pendant longtemps de suite.

Manière de faire suer les chevaux de course. Il n'est pas possible de donner des règles générales sur la manière de faire suer les chevaux de course, attendu qu'il faut avoir égard à leur constitution, à leur âge, et à la longueur du temps qu'ils ont été dans l'entraînement. Quand ils ne font que commencer, ils suent, comme de raison, avec une grande facilité : dans ces circonstances, il faut les faire marcher lentement, et puis augmenter par degrés la rapidité de leur allure [1]. On ne tardera pas à s'apercevoir de l'effet de cet exercice par la diminution dans l'épaisseur de leur corps; et tandis que leurs membres acquerront de nouvelles forces, la puissance de leurs muscles augmentera, et leur respiration s'améliorera. Il y a des chevaux qu'il

1 On lit dans un ouvrage de feu Samuel Chifney, célèbre jockey de Newmarket, intitulé *Genius Genuine*, le passage suivant : « Le premier point auquel on doit s'attacher en entraînant des chevaux est de mettre leurs membres en état de porter leur corps, ce qui se fait en les accoutumant d'abord à de courtes promenades, de courts galops, de courtes suées, et accordant à leurs tendons le temps de se reposer entre leurs travaux, sans quoi les meilleurs membres seront ruinés. Les membres des chevaux sont facilement ruinés au commencement de leur travail, mais quand ils ont eu le temps d'être bien entraînés, on peut les faire courir et les monter presque autant que l'on veut, sans que cela leur fasse mal. »

devient nécessaire de faire suer jusqu'à trois fois par quinzaine, d'autres seulement une fois par semaine, et d'autres qui n'en peuvent supporter la fatigue qu'une fois tous les dix jours. Ainsi que je l'ai déjà observé, on a vu des chevaux qui n'ont pas eu besoin de suer *vêtus* une seule fois dans tout le cours de leur entraînement; mais ces exemples sont fort rares : un exercice prolongé et une bonne nourriture donneront de la fermeté et de l'élasticité aux muscles; mais peu de chevaux seront en état de courir si leurs vaisseaux sanguins ne sont bien nets et bien libres, si leur sang n'est pas dans un état de fluidité convenable, et s'il n'est bien nettoyé de toute matière excrémentitielle, ce qui ne peut se faire que par le moyen de transpirations fortes et réitérées.

Ce sont ces transpirations, que, pour certains chevaux de course, on est forcé de porter à un degré extraordinaire, qui forment la partie la plus pénible de la préparation qu'ils sont obligés de subir, et qui est toujours plus ou moins accompagnée de danger pour les membres et les muscles. Aussi les membres des chevaux qui viennent de suer doivent-ils être soigneusement examinés au retour, et les plus grandes précautions sont nécessaires pour empêcher que les chevaux ne s'enrhument.

Quant à la distance à laquelle de vieux chevaux, c'est-à-dire qui ont plus de quatre ans, doivent aller quand ils suent, et la rapidité qu'il faut exiger d'eux, ce sont là des points qu'il est impossible de décider sans connaître leur constitution; mais les chevaux de trois à quatre ans, dont la constitution est bonne, feront utilement trois à quatre milles avec ce que l'on appelle une *demi-rapidité* (*half-speed*), en la leur faisant augmenter graduellement, jusqu'à ce qu'ils parviennent à la fin presque au plus haut point possible. Les suées d'un poulain de deux ans ne doivent jamais passer deux milles, et son allure doit être modérément rapide. Il faut toutefois observer qu'en faisant suer un cheval, on doit toujours lui faire parcourir *un espace de terrain plus long que celui du terrain de la course*, et s'arranger, s'il est possible, de manière que, lorsque le groom aura décidé quels sont les intervalles que la constitution du cheval exige, on s'en tienne exactement à cette décision.

L'espace ne me permet pas de m'étendre beaucoup sur les vêtements qu'il faut donner aux chevaux de course quand ils suent. Les couvertures appelées *hood*, *body* et *breast sweater* dont on se sert, sont connues de tous les selliers, qui les fournissent quand on les demande. Le grand point est d'unir la chaleur à la légèreté; il faut avoir pour les jambes de bonnes bottes; car quand les chevaux parcourent en suant un grand espace de terrain, il leur arrive souvent de changer de pied, et par suite de se cogner les jambes l'une contre l'autre, et de devenir boiteux, ce qui force à suspendre leur entraînement. Les bottes des chevaux de course doivent être faites de drap moelleux, et il est rare qu'il leur faille plus de trois boucles sur la longueur de la jambe. Il faut les brosser et les nettoyer avec soin, chaque fois que l'on s'en est servi, afin qu'elles soient bien douces et qu'elles s'adaptent bien à la jambe.

Il est important, quand on fait courir un cheval pour suer, de lui donner un garçon qui sache bien monter. Si le cheval mène son cavalier et se jette de côté en se dérobant (*bolts*), il peut arriver qu'il lui devienne impossible de jamais courir droit par la suite. C'est ce qui m'est arrivé, il y a quelques années, avec un de mes chevaux, et ce qui m'a fait perdre un pari considérable.

AU POTEAU. C'est un point important de faire que le cheval arrive tranquille au poteau, afin qu'il puisse bien faire son départ. Plusieurs des meilleurs chevaux de course ont été défectueux sous ce rapport. Le *jeune Eclipse,* qui a gagné le prix de Derby, devait être conduit au poteau sans son jockey, qui ne pouvait le monter qu'au moment de partir. On a attribué la perte du prix de Saint-Léger à Doncaster par *Mameluke*, à ce qu'il était rétif en arrivant au poteau, et j'ai connu deux chevaux qui n'ont jamais voulu partir en public. Les entraîneurs et les grooms ne sauraient montrer trop de calme dans ce moment, et plus le cheval est tranquille en partant mieux cela vaut. Je condamne très-fort l'usage allemand de crier à haute voix : « Un, deux, trois et partez! » Quand je montai les chevaux gagnants des deux prix royaux à Dobberan, dans le Mecklembourg, je crus qu'il me serait impossible de les faire partir, surtout *Wildfire,* du baron de Biel ; car en entendant le mot *un*, il se retournait sur-le-champ, ou s'élançait avec force en avant. Tout ce qu'il faut dire, c'est : « *Êtes-vous prêt?* » et la réponse étant affirmative : « *Allez.* »

De l'art de monter un cheval de course.

La pose du jockey est d'une élégance particulière, qu'augmente encore la symétrie générale de ses formes ou de sa figure, car il est rare de voir un homme mal fait sur la selle d'un cheval de course. Ce qui ajoute encore à la bonne mine du jockey, c'est la belle coupe de ses habits, son costume bien adapté à sa profession; l'extrême propreté de sa personne, résultant de l'attention particulière qu'il est obligé d'y accorder pendant son exercice préparatoire, et enfin son affinité, en quelque sorte, avec le noble animal sur lequel il est monté. Mais ce dernier avantage, il le doit aux rapports que le corps des animaux ont avec des natures différentes de la leur. On ne saurait en trouver un exemple plus frappant que dans la relation qui existe entre l'homme et le cheval, qui semblent faits l'un pour l'autre. Un célèbre amateur, le docteur Paley, a dit : « On observe dans tout l'univers une proportion admirable entre une chose et une autre. La taille des animaux, et surtout celle de l'homme, quand on la compare avec celle des autres animaux et des plantes qui l'environnent est précisément telle qu'elle devait l'être pour sa plus grande commodité. Un géant ou un pygmée n'aurait pas pu traire des chèvres, moissonner du blé ou faucher de l'herbe; il n'aurait pas pu monter sur un cheval, tailler une vigne ou tondre une brebis avec autant de facilité que nous.

Avant de décrire la pose d'un jockey, nous essayerons d'indiquer comment il doit être fait pour pouvoir s'y placer. Sa taille doit être de 5 pieds 5 à 6 pouces (5 pieds 1 pouce de France). Nous n'ignorons pas qu'il y a beaucoup d'excellents jockeys plus petits que cela; mais ils ne font pas un aussi bon effet à cheval; ils ne peuvent pas non plus se tenir aussi fermes sur leurs selles, parce que leurs cuisses ne sont pas assez longues pour bien serrer le corps du cheval. Un bon jockey doit avoir le buste un peu court en proportion des membres inférieurs, avec les épaules effacées, les bras un peu longs, le cou d'une longueur modérée, la tête petite et le regard très-prompt. Il est bon qu'il soit naturellement maigre, afin que sa constitution ne souffre pas par un amaigrissement forcé; mais il faut qu'il ait, dans les jambes et les cuisses, autant de force musculaire que la petitesse de sa taille le permettra; en un mot, pour pouvoir monter certains chevaux et être de poids si léger, il faut qu'il soit un petit Hercule. Mais il ne doit y avoir aucune rigidité dans son attitude. Il faut qu'il ait au contraire une grande flexibilité dans les bras et dans les épaules, afin que tout se trouve dans un accord parfait entre lui et son cheval. Il doit savoir se servir avec beaucoup d'adresse de ses mains, pour pouvoir faire passer les rênes de l'une à l'autre dans une course, et pour, en cas de besoin, fouetter de la main gauche aussi bien que de la droite. Pour dernier point, nous exigerons de lui un grand sang-froid, et la sobriété d'un brachmane.

Peu de mots suffiront pour décrire la manière dont un jockey doit être placé sur sa selle. En conduisant son cheval au poteau, il doit être bien assis, avec des étriers d'une longueur modérée, afin qu'il puisse bien enfourcher le pommeau et bien résister à son cheval. On ne sera jamais maître d'un cheval de course avec de longs étriers, parce que quand l'animal court avec sa plus grande vitesse, il s'abaisse souvent de plusieurs pouces sur ses jambes de devant. On a calculé qu'*Eclipse* qui, naturellement, avait les jambes de devant basses, s'abaissait encore en outre de près de huit pouces. Feu Samuel Chiffney, dans sa brochure intitulée *Genius genuine*, dont j'ai déjà parlé, a écrit beaucoup de sottises sur le système qui consiste à conduire un cheval de course *en lâchant la bride*. Quoique je ne sois nullement d'avis qu'il faille avoir la main dure en conduisant un cheval, quel qu'il soit, je suis convaincu que le système de M. Chifney ne saurait offrir aucun avantage, soit au cheval, soit à son cavalier. Sans compter la nécessité de retenir un cheval trop ardent, qui finirait par s'arrêter tout court si on le laissait courir en pleine liberté, malgré cela, dis-je, tous les chevaux de course se sentent soulagés quand on les tient un peu fortement, et il y en a qui s'arrêtent, ou qui du moins ralentissent considérablement le pas quand rien ne les retient. A mon avis, la main d'un jockey, quand il est à cheval, doit toujours être ferme, quoique parfois d'une extrême délicatesse; il ne doit jamais étonner ni troubler la bouche de son cheval, pendant la course, en passant subitement d'une bride serrée à une bride lâche, et *vice versâ.* En effet, dans l'équitation, il faut tout faire par degrés, mais en même temps avec fermeté et résolution, ce que les chevaux comprennent fort bien; et la main qui, en lâchant et en retenant tour à tour, parvient à son but en employant le moins de force, est la meilleure, la plus utile et en même temps la plus agréable à un cheval.

Quand on réfléchit au grand nombre de chevaux, de toutes formes, tailles et caractères, qu'un jockey qui a de la réputation monte dans le cours d'une année, la nécessité d'avoir de la vigueur dans le poignet qui tient la bride est évidente. Il y a des chevaux de pure race qui ont le cou placé si bas sur les épaules, qu'il commence par s'abaisser et remonte ensuite comme celui d'un cerf; et sans la vigueur de leurs cavaliers, ces chevaux pourraient retourner la tête et, pour ainsi dire, les regarder en face. D'autres ont la ligne supérieure du cou, depuis les oreilles jusqu'au garrot, trop courte. La tête qui est attachée à un pareil cou est très-difficile à bien placer, son inflexibilité ne lui permettant pas de former un arc; car, quelle que soit la longueur du cou d'un cheval, le nombre des vertèbres est toujours le même. D'un autre côté, le cou, chez certains chevaux, est si détaché qu'il paraît avoir des jointures, ce qui leur donne la facilité de soulever la tête, comme s'ils voulaient porter un défi à la main du cavalier. D'autres baissent la tête en galopant, comme s'ils voulaient prendre quelque chose avec la bouche, et cela pour gagner plus de liberté dans les rênes, battant à la main avec une grande force; ceux-ci tirent très-fort, ceux-là ne veulent pas tirer assez. Ce n'est donc que grâce au harnais que l'on met à ces chevaux à cou bas, à cou court, à cou raide, à cou détaché, qui arrachent, qui tirent, que le jockey le plus fameux, le plus délicat de la main, le plus ferme sur son siége, parvient à les maîtriser; s'il ne possédait aucune de ces qualités, son cheval ferait absolument tout ce qu'il voudrait. Ce harnais se compose, indépendamment de la bride, d'une martingale ordinaire, avec une autre de rechange, qu'on appelle en Angleterre *a gag rein* [1].

Le but de la martingale ordinaire est simplement d'empêcher qu'un cheval à cou détaché ne donne de la tête. Le jockey s'en sert habituellement, ou bien la laisse flotter sur le cou de son cheval, jusqu'à ce qu'il en ait besoin. La *gag-rein*, étant d'un usage douloureux pour le cheval, est ordinairement noué; on ne l'emploie que quand il devient nécessaire. Il sert à empêcher qu'un cheval ne baisse la tête quand

[1] La *gag-rein* consiste en une rêne supplémentaire, qui, au lieu de venir s'attacher simplement de chaque côté aux anneaux du bridon, passe, avant de s'y rendre, à travers un autre anneau suspendu à la têtière, ce qui affermit le bridon dans la bouche et rend son effet plus puissant.

il va trop sur les épaules, ce qui rend très difficile de le monter et d'en tirer un bon parti dans une course. En lâchant et en retenant graduellement le bridon (*snaffle rein*) et la *gag-rein*, le jockey parvient à placer la tête de son cheval dans une position convenable et à le monter avec une sorte de facilité. Nous avons dit *graduellement*, parce que si l'on y mettait de la violence, on pourrait raccourcir son enjambée. La martingale courante, qui est celle dont on se sert le plus communément aujourd'hui, surtout pour les jeunes chevaux, n'a d'autre usage que de donner de la fermeté à la tête du cheval, de mettre son jockey en état de le gouverner, d'empêcher qu'il ne s'emporte avec son cavalier dans une course, et de faire en sorte que celui-ci puisse l'arrêter en arrivant au but. Jamais on ne monte sans cette martingale un cheval qui tire à la main ou qui va trop rondement dans une course. Le jockey l'emploie à peu près de la même manière que la rêne du bridon, la lâchant et la retenant tour à tour, afin que la bouche du cheval reste sensible et que sa tête se place bien. On concevra aisément combien il est nécessaire de se rendre parfaitement maître d'un cheval de course par un de ces moyens, quand on songera qu'il arrive souvent que, dans une course, tous les chevaux sont mêlés ensemble et que le pied de l'un d'eux heurte celui d'un autre ou s'entortille avec lui, ce qui rend une chute inévitable. D'ailleurs, un cheval ne saurait courir avec toute sa vitesse, pendant un certain temps, s'il ne se laisse pas diriger par son cavalier, qui doit bien le ramasser pour empêcher qu'il ne fasse de trop longues enjambées. Ces différentes rênes peuvent toutes être employées avec la gourmette, s'il est nécessaire, quoique cela se fasse rarement, à l'exception de la martingale. On contemple avec plaisir un cheval de course, marchant, la tête bien placée, avec une simple bride, sans aucune autre rêne : il est certain que cela est fort agréable au cheval ; mais c'est un spectacle fort rare, surtout quand l'animal est jeune. Il ne saurait y avoir de doute que le bridon ne soit ce que l'on peut mettre de mieux à un cheval de course, non-seulement parce qu'il le met en état, quand il galope, de se soutenir jusqu'à un certain point, en s'y appuyant, autant du moins que son cavalier le lui permet, mais encore parce que son jockey peut diriger sa tête à droite ou à gauche, quand il lui plaît, comme, par exemple, quand le chemin tourne, ou bien quand il faut l'empêcher de marcher sur les talons du cheval qui le précède, tandis que la gourmette n'agit qu'en ligne droite. Il vaut pourtant mieux avoir recours à la gourmette que de permettre qu'un cheval maîtrise son jockey, et aille plus vite que celui-ci ne veut, à quelque époque que ce soit de la course.

Amenons maintenant notre jockey au poteau du départ; là, la première chose qu'il fait est de se déshabiller. Quand il a examiné la selle du cheval et qu'il a reconnu que tout est en ordre, il soulève la jambe gauche et est lancé sur sa selle par l'entraîneur qui, en lui rendant ce service, a coutume de lui souhaiter *bonne chance!* Quand le jockey s'est assis bien fermement sur sa selle, il essaye la longueur des étriers, après quoi il fait environ un demi-mille au galop, son entraîneur le précédant sur un cheval de louage, puis il revient au pas jusqu'au poteau. Mais cette manière de prendre son départ dans une course dépend entièrement des circonstances. Si la carrière n'est que d'un demi-mille, en sorte qu'il soit bien important de prendre un bon élan, le jockey assure bien la tête de son cheval, et aussitôt qu'il entend le mot *allez !* si le cheval ne part pas de lui-même, il lui enfonce les deux éperons dans les flancs, en se fiant au hasard pour bien placer la tête quand et comment il le pourra. Si, au contraire, la carrière est de deux milles ou plus, il n'a pas tant besoin de se presser pour partir, pourvu, toutefois, qu'il ne perde pas trop de terrain; mais tout cela dépend en grande partie des ordres qu'il a reçus, soit de se presser d'avancer (*to make running*), ou bien de se tenir tranquille et d'attendre; mais nous allons le placer dans toutes ces diverses situations.

Carrière d'un demi-mille (elle est ordinairement droite), ordre reçu de *courir* (*to make running*). Ayant retourné la tête de son cheval par delà, ou pour mieux dire, derrière le poteau, il l'y ramène aussi tranquillement qu'il peut, la bride du côté du montoir passant en dehors ou par-dessus la partie inférieure de la paume de la main gauche et fortement serrée par le pouce, tandis que la bride du côté du montoir passe entre le doigt du milieu et le doigt annulaire de la main droite, dans laquelle le jockey tient aussi son fouet; mais pendant la course, à moins qu'il ne soit obligé de fouetter son cheval, il retient la tête à deux mains. Si l'on se sert d'une double rêne et d'une gourmette, la rêne gauche passe entre le troisième doigt et le doigt annulaire de la main gauche, et l'autre entre les mêmes doigts de la main droite. Le signal étant donné, il pique son cheval, comme nous l'avons déjà dit, ou se sert de tout autre moyen qu'il imagine pour lui imprimer le plus tôt possible sa plus grande vitesse, laissant tomber sa main pour le mettre en état de sentir sa bouche. Il le laisse aller à peu près la moitié de la distance qu'il doit parcourir, en se bornant à lui tenir la tête bien ferme, avant de donner la première secousse. Mais cette course d'un demimille étant bientôt achevée, il ne lui reste pas beaucoup de temps pour la réflexion, et la secousse doit être courte; il rattrape ensuite les chevaux, reste avec eux jusqu'à la fin, et gagne, s'il le peut, sans donner de seconde secousse; mais si quelque autre cheval l'inquiète, en se tenant trop près de lui, s'il lui paraît presque aussi bon que le sien, il donne une seconde secousse à cinquante ou à cent toises du but, après quoi il lâche de nouveau la bride et gagne. Les mêmes règles peuvent servir aussi quand la carrière est d'un mille, si ce n'est que le jockey n'a pas besoin d'être autant sur le qui-vive en partant, qu'il peut rendre ses secousses plus longues et faire la dernière plus loin du but.

Carrière d'un demi-mille; ordre reçu d'*attendre.* Dans ce cas, le jockey part en même temps que les autres chevaux, mais reste en arrière, quoique jamais de plus d'une longueur ou deux; car une distance plus considérable serait difficile à regagner sur un si petit espace de terrain. A soixante-quinze ou cent toises environ du but, il fait en sorte de se mettre de niveau avec le cheval le plus avancé, après quoi il lâche la bride et gagne.

Carrière d'un mille; ordre reçu d'*attendre.* Le jockey peut partir le dernier de tous, s'il veut; mais il ne doit pas perdre beaucoup de terrain. Quelque bon juge qu'un jockey puisse être du *pas*, il a toujours tort de se tenir trop en arrière; qu'il suive donc régulièrement les autres chevaux, en gagnant peu à peu du terrain sur eux, et qu'il ne les quitte pour courir en avant que quand il est sûr de gagner, c'est-à-dire, quand il s'aperçoit que les autres chevaux ne peuvent soutenir la vitesse avec laquelle ils ont commencé à courir. L'ordre d'attendre lui a été donné parce que l'on supposait, ou que l'on savait, que la vitesse était la principale qualité de son cheval, mais qu'il ne pouvait point la soutenir longtemps de suite ; et par conséquent que si on l'avait fait courir dès le commencement, il ne serait point arrivé au but.

Carrière de deux milles ; ordre reçu de *courir* (*to make running*). Si l'on en excepte la lutte qui a lieu pendant les dernières toises, entre deux chevaux de force à peu près égale, et que l'on appelle sur le *turf* anglais, *the set to,* rien n'est plus difficile, dans l'art de diriger les chevaux de course, que de faire en sorte, lorsqu'on imprime une grande vitesse à son cheval, que cette vitesse ne profite qu'à lui seul. En d'autres mots, c'est une grande qualité, dans un jockey, de savoir bien juger du pas, c'est-à-dire, de savoir calculer non-seulement sa propre vitesse, mais encore l'influence de cette vitesse sur les autres chevaux. Et cette tâche est plus difficile avec certains chevaux qu'avec d'autres, surtout quand il s'agit de chevaux paresseux, qui, lorsqu'ils sont en tête, ont besoin d'être excités à chaque pas qu'ils font par la main ou par l'éperon. Dans ces cas, le jockey a bien de la peine à faire en sorte que son cheval continue à aller. Il faut qu'il se serve de ses mains, de ses bras, de ses jambes, de ses pieds; et parfois aussi qu'il tourne la tête, ayant au même instant tous ses membres en mouvement, mais en prenant grand soin de ne pas troubler l'action du cheval. Ceci ajoute encore à l'inquiétude qu'il éprouve que son cheval ne tombe et ne perde le prix de la course. Si le cheval répond à l'opinion que l'on avait de lui, et s'il triomphe de son rival par une vitesse soutenue, il acquiert la réputation d'être un cheval vigoureux et *honnête*.

Carrière de deux milles; ordre reçu d'*attendre.* Dans ce cas, le jockey part d'un pas égal, en tenant bien la tête de son cheval et en restant aussi près qu'il le veut des autres chevaux, mais sans essayer de les devancer. Il demeure ainsi à sa place, jusqu'à ce qu'il arrive à une certaine distance du but, distance qui a probablement été indiquée dans les ordres qui lui ont été donnés. Alors il fait débusquer son cheval (*brings out*), porte un défi à tous les autres à la fois et gagne, si son cheval est assez bon. Cette tâche est une des plus aisées qui soient imposées à un jockey, et s'il est agréablement monté, la course n'est pour lui qu'une promenade de plaisir. Nous dirons peu de chose des carrières qui dépassent deux milles, et cela pour deux motifs. D'abord, parce que l'on peut leur appliquer les mêmes observations qu'aux carrières de deux milles, en ayant, comme de raison, égard à l'excédant de distance, et ensuite parce que les carrières de quatre milles sont aujourd'hui à peu près abolies. Dans ces dernières, la principale qualité que l'on exige dans un jockey, est d'avoir une bonne constitution et de se tenir ferme sur sa selle, à quoi il faut ajouter de savoir bien apprécier les pas; car dans une carrière de quatre milles, il est rare que la fin soit vivement disputée.

Le devoir d'un jockey est de remporter la victoire, s'il le peut, mais de ne pas faire plus que de la remporter. Une longueur de cou suffit s'il a de l'avance, mais il faut qu'il gagne d'une longueur entière, s'il a le moindre doute sur l'état du cheval ou des chevaux contre lesquels il court. C'est là un point fort délicat, dont la décision est laissée au jockey, et auquel ceux qui l'emploient attachent une haute importance; car on conçoit qu'ils désirent toujours ne pas compromettre sans motif les forces de leurs chevaux. Je ne sais s'il serait possible de citer un exemple plus parfait, en ce genre, que la science que déployèrent les deux célèbres jockeys de Newmarket, *Robinson* et *Chifney*, dans la lutte pour le prix de Saint-Léger à Doncaster, en 1827.

Tout bon jockey évite autant que possible de se servir du fouet. Quand un cheval de course déploie toute sa vigueur et fait de son mieux, il est inutile de le fouetter, car il n'en fera pas davantage; tandis qu'un coup de fouet fait souvent mal, surtout s'il tombe sous le flanc. Au lieu d'avoir pour résultat que le cheval couvre un plus grand espace de terrain, il peut produire un effet tout contraire, parce que l'animal se resserrera, en quelque sorte, pour éviter les coups. L'éperon, convenablement employé, vaut beaucoup mieux quand on veut augmenter la rapidité d'un cheval; toutefois, il y a des occasions où le jockey se trouvera fort bien, soit d'appliquer le fouet, soit tout simplement de l'en menacer. Ces occasions sont quand le cheval penche vers un des deux côtés de la carrière ou vers les autres chevaux, ou bien quand il paraît vouloir sortir de la carrière (*bolt*). Un jockey doit savoir se servir du fouet avec vigueur quand cela est nécessaire, et, ce qui n'arrive pas souvent, de la main gauche aussi bien que de la main droite, en cas qu'il perde ce que l'on appelle la main du fouet (*the whip hand*), car alors il ne peut pas se servir de la droite.

Carrière. La nature et la forme des carrières sont des points importants à considérer en traitant des courses. Celles qui sont tout à fait unies et droites sont, comme de raison, les plus faciles à parcourir; mais un peu de variété dans le terrain est avantageux au cheval, et n'est pas sans agrément pour le jockey : celles qui sont inégales ou montueuses demandent un jugement bien sûr, pour savoir en quels endroits il est bon de courir plus vite, ou, en d'autres mots, quelle partie du terrain est le plus en rapport avec l'action et la nature du cheval. En attendant, tous les chevaux veulent être fortement retenus, soit dans les montées, soit dans les descentes, sans quoi ils auront bientôt épuisé leurs forces. Une légère montée est bonne à la fin de la course ; car elle offre plus de sûreté aux cavaliers, qui parfois rendent un peu la main dans les dernières enjambées, comme aussi en cherchant à les faire arrêter, quand ils sont souvent épuisés de fatigue, et par conséquent en danger de tomber ou de glisser sur un terrain inégal, surtout si la sécheresse ou une trop grande humidité l'a rendu glissant. La plupart des carrières de province offrent des détours contre lesquels il faut se mettre en garde des deux manières suivantes : d'abord le jockey, en partant, doit s'efforcer de se tenir à droite des autres chevaux, si les poteaux sont à droite, et à gauche, s'ils sont à gauche. De cette façon, on comprend qu'il aura un cercle moins grand à décrire que ses adversaires, et, de plus, si les détours sont à droite, il aura toujours le libre usage de sa main droite, qui est celle du fouet, ce qu'il n'aurait pas s'il se trouvait en dehors d'un ou de tous les chevaux qui prennent part à la course. Mais il faut qu'il soit toujours sur le qui-vive dans une carrière qui a des détours, car il y en a qui sont très-difficiles à franchir, surtout quand tous les chevaux sont en pleine course, et si celui qu'il monte n'est pas ce que l'on appelle doux en tournant, ou facile à conduire. Il ne doit pas omettre la précaution de s'écarter un peu du centre avant d'arriver à un détour, de façon à le franchir assez près du poteau. De cette manière, il courra moins de risques de troubler l'action de son cheval que s'il faisait un angle plus aigu, ce qui arriverait nécessairement s'il ne faisait pas cet écart. Il y a encore une autre précaution à prendre qui n'est pas moins nécessaire : on sait que quand un cheval galope autour d'un cercle, c'est la jambe qui est le plus près du centre qui part la première; le jockey doit donc tâcher de faire en sorte que le cheval parte avec la jambe qui est du côté du détour, afin d'empêcher qu'il ne change en tournant le pied du départ, ce qu'il serait obligé de faire sans cela, à moins d'être un cheval d'une facilité peu commune. Pour y parvenir, on essaye de lui faire tenir la tête un peu inclinée vers le côté opposé au détour, c'est-à-dire un peu à gauche, si les poteaux sont à droite, comme ils le sont presque toujours, et *vice versâ*. Il va sans dire que, quand un cheval de course galope avec toute la rapidité dont il est susceptible, il faut que sa tête soit placée dans la ligne de son corps; mais comme il n'est jamais dans ce cas aux détours, la légère déviation que nous proposons ne saurait lui faire aucun mal; quand la carrière est tout à fait droite, il importe fort peu de quel pied le cheval part.

On peut terminer ces remarques sur l'art de monter un cheval de course, en faisant connaître de quelle manière il faut s'y prendre avec des chevaux dont le caractère, les dispositions et les capacités sont différentes, afin d'en tirer le meilleur parti possible. Sur dix chevaux de course, il y en a neuf qui vont rondement, ou même qui tirent à la main. Le grand art d'un jockey qui a affaire à un cheval de cette espèce, est d'économiser ses forces, en proportion de la distance qu'il doit parcourir, et du poids qu'il porte, afin de ne pas l'épuiser dès les commencements, au point de n'avoir plus de vigueur à la fin. Si les autres chevaux courent au plus vite, il faut qu'il se tienne parfaitement immobile sur sa selle, laissant retomber ses mains, et retenant fortement la tête de son cheval. Il faut qu'il s'occupe le moins possible de la bouche de son cheval, et si celui-ci cherche à se mettre au même rang que les autres chevaux, il vaut mieux le laisser faire que de le retenir avec trop de force, à moins que ce ne soit une véritable rosse. Le sang-froid est en ce cas de la plus haute importance pour le jockey : car un cheval pétulant, monté par un cavalier pétulant, ne peuvent manquer de se déshonorer. Tout mouvement inutile de l'un est sur-le-champ imité par l'autre, qui s'étourdit, et tire plus fort qu'il ne faisait auparavant.

Un cheval lent et paresseux a besoin d'être excité d'un bout de la carrière à l'autre. Par là, j'entends que quoique le corps de son jockey ne doive pas faire de mouvement, il est parfois obligé de soulever ses mains de dessus le garrot de son cheval pour le réveiller de temps en temps, comme aussi de se servir des éperons, soit pour lui faire presser le pas, soit pour l'empêcher de le ralentir. Quelquefois, il sera même nécessaire de lui faire sentir le fouet, et de le presser vivement vers la fin de la carrière. Le cheval de cette espèce se distinguait autrefois sur la carrière de *Beacon* à Newmarket, quand les carrières de quatre milles étaient à la mode ; et quoi qu'en pût penser le jockey, on concevra que son propriétaire ne l'en estimait pas moins pour avoir besoin d'être tant poussé pour courir.

Mais le cheval le plus chatouilleux et le plus difficile, après celui qui est décidément rétif, et qui quitte la course, est connu sous le nom de cheval étourdi (*flighty horse*). C'est celui qu'il est le plus difficile d'entraîner et d'accoutumer à la manière dont il devra courir, étant d'une constitution délicate, d'un caractère irritable et qui s'allarme facilement, soit dans son écurie, soit dehors. On n'obtient rien de lui que par la plus grande douceur ; car une fois qu'il est irrité, ou troublé, il est fort difficile à apaiser. Il faut, d'après cela, que le jockey destiné à monter un pareil cheval, soit d'un caractère diamétralement opposé au sien, et que sa main, en tenant les rênes, soit aussi délicate que celle d'une femme. Il faut aussi qu'il laisse à son cheval une entière liberté pendant qu'il court, excepté sur un point, c'est-à-dire qu'il ne doit pas lui permettre de courir trop vite. Mais même à cet égard, il doit user de beaucoup de prudence, car un cheval de cette espèce ne souffre pas qu'on le retienne trop, ou qu'on le traite avec violence; la seule chose que l'on puisse faire est de le tenir bien ramassé en lui retenant fortement la tête. Si on lui porte un défi pendant la course, il faut qu'il l'accepte, et qu'il s'en tire du mieux qu'il pourra; il n'arrive que trop souvent qu'il est une rosse; et en tout cas, il faut le monter comme s'il l'était, et prendre avec lui les mêmes précautions, quant à la fermeté de la selle et de la main, que nous avons recommandé d'observer avec les chevaux dont nous avons précédemment parlé, tels que ceux qui vont rondement et qui tirent à la main.

Les jockeys aiment beaucoup à monter un cheval de course d'un bon caractère, comme était *Zinganee*, qui, en 1830, fut regardé comme le meilleur cheval de l'année. Pour lui, on ne se servait jamais que d'un simple bridon sans même avoir de martingale; et quand, avec cela, un cheval a la bouche obéissante, la tâche du jockey est agréable au lieu d'être fatigante.

Un cheval de cette espèce est facile à tenir; il est doux et docile quand il s'agit de tourner autour des poteaux; on peut même dire qu'il tourne spontanément. Il attend ou court un peu plus vite, selon les ordres que son jockey a reçus; et quand on l'exige, il est toujours prêt à faire de son mieux; il y a plus : il va toujours moins vite que ses forces ne le lui permettent, parce qu'il obéit à la main de son jockey; et son bon naturel équivaut au moins à quatre livres pesant en sa faveur.

Je vais maintenant terminer mes remarques sur l'art du jockey, par la description succincte de la fin d'une course, en bornant le théâtre de la lutte aux deux cents dernières toises; les chevaux qui ont le plus d'avance, se devançant, les uns, de la moitié du corps, les autres, de la tête et du cou, et d'autres courant tête contre tête. Je suppose encore que mon jockey soit placé au milieu d'eux, son cheval ne conservant que tout juste assez de force pour remporter la victoire. La grande lutte (*the set-to*) va commencer, ou, en d'autres mots, le moment est venu où il va exiger de son cheval les plus grands efforts. Mais il commence par changer de posture sur sa selle; auparavant il se tenait debout sur ses étriers, le corps un peu penché sur le garrot de son cheval, et les mains rabaissées un peu au-dessous; en ce moment il change à la fois la position de son corps et de ses mains; il s'assied fermement sur sa selle, son corps saisissant, pour ainsi dire, l'enjambée du cheval; puis levant les mains au-dessus du garrot, il tire légèrement la bride, et ce n'est qu'alors que la lutte (*the set-to*) commence. Il fait alors mouvoir ses mains, comme s'il voulait leur faire décrire un cercle, afin de réveiller son cheval; et quoiqu'il n'aille pas jusqu'à lâcher tout à fait les rênes, il laisse à son cheval la liberté d'avancer la tête, comme un animal qui souffre dans une course fait toujours; et c'est ce que l'on appelle en termes techniques enlever son cheval (*throwing him in*) à la fin. Après cela vient la dernière ressource. Quand un jockey, parvenu à quelques toises du but, reconnaît que ces moyens ne suffisent pas pour le faire gagner et que son cheval est au moment de succomber, il lui enfonce les éperons dans les flancs, prend son fouet de la main droite, tire fortement de la gauche, et se sert du fouet selon que l'occasion l'exige.

Conclusion.

Il est temps que je termine mon ouvrage. Les frais d'impression, de traduction, et le faible débit que j'ose en espérer, ne me permettent pas de m'étendre davantage. Mais s'il est bien accueilli par les amateurs français, il sera immédiatement suivi d'un second, traitant plus en détail les mêmes sujets que celui-ci et quelques autres dont je n'ai pas encore parlé. Je ne vois pas pourquoi le divertissement des courses ne serait pas généralement adopté en France; ceux à qui leur fortune permet de s'y livrer y seront, sans doute, portés par le fait que j'ai énoncé dans un article sur le *turf*, dans le *Quarterly-Review*, savoir : *Qu'il répand ses plaisirs au loin*. Quant à la production des chevaux de course, le sol et le climat de la France y sont, en général, favorables; et plusieurs bons chevaux ont déjà été élevés en ce pays. Mais, ainsi que le remarque, avec raison, le rédacteur du *Journal des Haras*, dans son numéro d'avril 1836, les producteurs français de chevaux de course ne doivent pas permettre que les rejetons d'étalons et de juments de bonne race retournent en Angleterre. *Ganges* par *Tigris* et par une fille d'*Eleanor* par *Whiskey*, né en France et acheté par M. Payne, célèbre aux courses de Newmarket, a dans ses veines le meilleur sang que l'Angleterre possède, réunissant la rapidité à la vigueur. A la vérité, le succès de *Ganges* n'a pas été très-grand, parce qu'il s'est généralement trouvé, comme on dit, à Newmarket, en trop bonne compagnie. Mais il n'y a pas le moindre doute qu'il n'eût fait bien son chemin en France, où il aurait probablement réussi, comme étalon.

Il y a deux ou trois circonstances qui se rapportent au progrès du *turf* ou des courses en France, sur lesquelles je ne puis m'empêcher de faire quelques observations. Il devrait y avoir des prix de producteurs, sous forme de poules (*stakes*), d'après les règles suivantes :

Une poule de productions de 1,000 fr. chaque mise; de 500 fr. de dédit pour des juments couvertes, par exemple en 1837; les poulains, 119 livres d'Angleterre; les pouliches, 116 livres. Les étalons qui n'ont pas encore été essayés, et les juments qui n'ont jamais produit de cheval gagnant, devront obtenir 3 livres: la carrière d'un mille. Le cheval qui suivra de plus près le gagnant, recevra sa mise de retour. Le produit ou le non succès de la saillie sera déclaré avant le 1er août 1838. Pas de produit, pas de dédit. Trois produits ou point de course. En Angleterre, on fait toujours courir pour les poules de productions, quand les produits sont âgés de deux ans; mais cela n'est pas absolument nécessaire.

Secondement. Je pense qu'en tous pays, il de

vrait y avoir des courses pour des poulains et des pouliches de deux ans. D'après le système actuellement adopté, pour l'éducation des chevaux de race, un poulain est bien en état de courir à deux ans, en ayant égard au poids et à la *distance;* ce dernier point est surtout important. Le temps paraît bien long à un éleveur, quand il doit attendre, pour rentrer dans ses fonds, qu'un poulain ait trois ans; ce qui en fait quatre en tout, depuis qu'il a commencé à faire des dépenses pour sa production.

Troisièmement. Le gouvernement français devrait faire vendre, tous les ans au moins, une partie des chevaux de race, nés dans les divers haras. Le prix qu'on en retirerait, sauf une certaine somme que l'on mettrait en réserve pour le gouvernement, serait consacré à rembourser les dépenses. Indépendamment de l'avantage de répandre un plus grand nombre de chevaux de race dans les départements, les amateurs y trouveraient l'occasion de se procurer un ou deux chevaux de course, qu'ils ne songeraient pas à faire venir d'Angleterre, à cause de l'embarras et des frais que cela leur cause. J'ai déjà fait cette remarque.

Quatrièmement. Pour ce qui regarde les courses en France, il n'y a que le temps qui puisse les porter à un haut point de perfection; mais, de même que Cicéron envoya ses fils à Athènes pour suivre les cours de Cratippe, de même aussi les Français qui veulent que leurs fils courent dans les carrières, doivent leur mettre l'exemple de l'Angleterre sous les yeux. Il y aurait de l'injustice de ma part à parler trop directement de certains essais malheureux faits par des Français à des courses nouvellement établies; mais j'avouerai que M. Olivier, qui montait *Waverley* l'année dernière, à Bruxelles, ne m'a nullement satisfait. Ce n'est pas que j'aie rien trouvé à redire à la manière dont il était placé en selle, et il avait en outre l'air bien jockey; mais il montra une grande ignorance de l'art qu'il professe, en luttant, comme il le fit, avec *Morotto,* de lord Henry Seymour, lequel évidemment *ne courait au plus vite que pour favoriser le gagnant qui appartenait aussi à lord Henry Seymour.* Dailleurs, son cheval, *Waverley*, était trop chargé de graisse, et la seule chance qu'il eût de gagner, était de se tenir en arrière du gagnant, jusqu'aux cinquante dernières toises, et de voir alors quel avantage il pourrait tirer d'un grand élan. Puis il fouetta son cheval quand il vit qu'il était battu, au lieu de le retenir et de lui donner une chance de se remettre.

J'ai aussi un mot à dire sur le résultat de cette course. D'après les conditions, lord Henry Seymour jouissait du privilége de faire courir deux chevaux pour le même prix, ce qui ne s'accorde jamais en Angleterre quand le prix dépend de plus d'une épreuve. Cela donne à la personne qui fait courir deux chevaux trop d'avantage sur celle qui n'en fait courir qu'un. Je trouve aussi que l'on a tort en France de clore les carrières par un *double* rang de cordes. Je dirai même que, selon moi, les carrières ne devraient pas être closes du tout avec des cordes, si ce n'est aux cent cinquante ou deux cents dernières toises; mais, en aucun cas, on ne doit mettre des cordes à la partie extérieure du terrain, car quand un cheval quitte la carrière (*bolts*), c'est toujours en dehors qu'il court, et dans ce cas, une chute dangereuse est occasionnée par la corde. Dans le petit nombre de courses françaises auxquelles j'ai assisté, j'ai été témoin de quatre accidents dus à cette seule cause.

Je vais maintenant prendre congé de mes lecteurs, après leur avoir exposé aussi exactement que les bornes que je m'étais imposées me l'ont permis, tout ce que mes réflexions bien mûries m'ont inspiré sur les moyens d'encourager et de perfectionner les courses de chevaux en France. J'en soumets respectueusement le résultat à l'attention et à l'approbation des amateurs français. S'ils jugent que mes travaux en soient dignes, je les compléterai plus tard. En ce moment, je suis peu connu des personnes à qui je me suis adressé, et je le suis moins encore de la nation française, en général, en qualité de chasseur et d'amateur de courses. Mais, c'est là ma propre faute. Dans l'automne de l'année 1829, feu M. le baron de Flassan m'adressa, au nom de feu S. A. R. monseigneur le duc de Bourbon, l'invitation de venir à Chantilly, pour avoir l'honneur de chasser avec les chiens de S. A. R. Les circonstances m'empêchèrent de profiter de l'honneur signalé qui m'était fait, et auquel le prince avait ajouté un plus grand prix, en daignant joindre à l'invitation le détail des chasses de l'année précédente, avec l'énumération des diverses pièces de gibier tuées; et je ne pense pas que les annales de la chasse ancienne ou moderne offrent rien qui s'y puisse comparer. L'invitation m'avait été transmise par sir Maxwell Wallace, colonel du cinquième régiment des dragons de la garde anglaise que commandait autrefois S. M. le roi des Belges.

POST-SCRIPTUM.

Je prie mes lecteurs d'avoir égard à la difficulté que j'ai éprouvée à exprimer mes idées dans cet ouvrage, faute de trouver dans la langue française des mots correspondants à ceux de l'anglais. Dans cette dernière langue on a adopté pour les courses et tout ce qui s'y rapporte, un vocabulaire qui n'est intelligible que pour des Anglais : un temps viendra sans doute où un *jargon* semblable s'établira en France ; car tout art, toute science a un langage qui lui est propre. Ainsi il doit sonner étrangement à l'oreille d'un Français qui n'a jamais été à New-market, d'entendre commander à un jockey, armé d'un fouet et d'éperons, de *dorloter* (*nurse*) son cheval dans une course, ou bien dire qu'un cheval *attend* (*waits*) dans une course, au moment où il va plus vite que le vent.

Ayant tout lieu de croire que cet opuscule se répandra dans la plus grande partie de l'Europe, je saisis cette occasion pour apprendre aux amateurs de courses qui font le voyage d'Angleterre pour acheter des chevaux, que s'ils n'en trouvent point de tels qu'ils les désireront chez Tattersall ou à Newmarket, ils pourront être assurés d'en rencontrer à la ferme de *Dingle*, à quatre lieues de Birmingham; et, en outre, que le propriétaire, M. Cornelius Stovin, mérite toute confiance et exécutera fidèlement les ordres qui lui seront transmis par lettres, quelle que soit leur importance, car il est excellent juge de chevaux de course, et a beaucoup d'expérience en ce qui regarde leur production.

Je profite encore de cette occasion pour dire aux personnes qui voudront former un établissement de course, que je connais un homme, d'une réputation intacte et d'une grande expérience, qui désirerait être chargé de la direction d'un pareil établissement sur une grande échelle. Si l'on me fait l'honneur de s'adresser à moi, n° 399, Oxford-Street, Londres, je m'empresserai de donner tous les renseignements nécessaires.

FIN.

NOTES.

(1) Page 8.

On pourra avoir une idée de la valeur des chevaux de course en Angleterre, quand on saura que *le duc de Cleveland* a payé, il y a quelques années, 12,000 livres st. pour quatre chevaux, savoir : *Serab, Barefoot, Swiss* et *Memnon.*

(2) Page 23.

Coquette, mère de *Camille* de *lord Egremont,* dont on vient de parler, était fille d'une sœur de *Regulus* par le *Goldolphin Arabian.* La grand'mère de *Highflyer* était aussi fille de *Regulus.*

(3) Page 46.

Dandizette courut seconde pour le prix d'Oaks à Epsom, en 1823, et *Exquisite,* second pour le prix de Derby en 1829.

(4) Page 47.

J'achetai *Buckfoot,* pour le roi de Prusse, au prix de 600 livres st. Il mourut à la fin de la seconde saison d'une maladie épizootique qui fit périr plusieurs chevaux précieux dans le haras de Neustadt; mais M. *Stubberg*, qui le dirige, et que j'ai vu pendant mon voyage en Allemagne, me dit que ses poulains, qui, à cette époque, étaient âgés de deux ans, promettaient beaucoup; ils étaient tous gris, comme leur père. Il était ce que l'on appelle gris d'argent sur une peau noire.

(5) Page 74.

M. *Warde,* que l'on peut regarder comme le père de la chasse aux renards en Angleterre, et qui a tenu des chiens pour cette chasse pendant soixante-sept ans, m'a dit qu'il n'avait jamais voulu acheter de cheval qui eût le fondement creux et se retirant en arrière. Il regardait la forme recommandée par M. *Darvill,* comme très-essentielle pour des chevaux qui doivent porter de grands poids.

(6) Page 97.

Ceci me rappelle une observation que je fis l'année dernière au *prince de la Moskowa,* quand ce seigneur était sur le point d'acheter *lady Albert* à Boulogne. « Son sang est bon, lui dis-je, elle est propre sœur d'un cheval (*Jacob Faithful*) qui court bien, et comme elle est fille de *Langar,* si *Elis* gagne le prix de Saint-Léger à Doncaster, cette circonstance augmentera sa valeur de 50 livres st. » *Langar* avait gagné le prix de Saint-Léger à Doncaster.

(7) Page 115.

On recommande une forte soupe de son, dans laquelle on aura fait fondre quatre onces de nitre, surtout si la jument a eu un accouchement laborieux.

(8) Page 117.

Il ne faut pas oublier que les poulains nés au commencement de l'année, comme le sont naturellement ceux dont les mères ont été couvertes dans les mois de février et de mars, veulent être tenus bien chaudement pendant les deux ou trois premiers mois. Le *duc de Grafton* n'est pas, je crois, d'avis de faire faire la monte de très-bonne heure, attendu qu'à cette époque il n'y a point de verdure que l'on puisse donner aux juments pour faire monter leur lait. Les mois de février et de mars me paraissent les plus favorables : car si une jument met bas plus tard, elle sera plus en retard encore l'année suivante, et de cette manière on perdra le temps et la chance dont jouissent les poulains nés de bonne heure, dans leurs engagements de deux et de trois ans. Toutefois il y a des exemples de bons chevaux, nés à toutes les époques de l'année, et l'on se rappelle que *Sam*, de M. *Thornhill*, remporta le prix de Derby le jour anniversaire de sa naissance.

FIN DES NOTES.

TABLE.

FIN DE LA TABLE.

www.ingramcontent.com/pod-product-compliance
Ingram Content Group UK Ltd.
Pitfield, Milton Keynes, MK11 3LW, UK
UKHW021132260726
13994UKWH00001B/105

9 782329 492452